科普新阅读

世界科学历史上的
伟大发明

The Great Inventions of International Science in the History

陕西出版集团
陕西科学技术出版社

前　言

　　岁月侵蚀着历史的年轮，留下了或者清晰、或者模糊的痕迹。当我们在不经意间抚摸那些凸凹不平的烙印时，突然发现历史竟是一块金子，时间的流逝使它蒙上了灰尘，但轻轻掠去浮尘却依然熠熠生辉。

　　昨天的许多发明与创新，在今天看来也许不值一提并且陈旧不堪，但今天的崭新世界，却完全得益于往昔那些智者们的奇妙创新。100多年前，当世界上第一架飞机问世时，它在空中仅仅停留了59秒，飞行了260米；当第一架交通信号灯出现在伦敦议会大厦的广场上时，人们还将其视为可怕的易爆物；当第一台手摇计算机以几秒钟进行一次加减法的运算时，谁又能想到每秒钟完成上百亿次运算的微型计算机的问世呢？一个伟大的发明可以改变时代，一个不朽的创造能够扭转人们的命运。然而，任何发明创造都绝非是一蹴而就的，有些发明甚至经过了几代人的交接才最终得以完善。

　　今天，当我们以怡然的微笑迎接未来的挑战，当和煦的春风拂过面庞，当归巢的鸟儿在头顶轻轻地盘旋，当繁荣装点城市，当人们安享舒适的生活、为我们的历史和文明骄傲时，我们也应当去追忆那些为这一切作出了巨大贡献的人们，因为正是他们让我们感悟到发明本身的价值和意义——那就是感人至深的科学精神。

目录

医学篇
- 6　注射器
- 8　温度计
- 10　听诊器
- 12　血压计
- 14　阿司匹林
- 16　青霉素
- 18　CT扫描仪
- 20　试管婴儿
- 22　人造心脏

理化篇
- 24　历法
- 26　显微镜
- 28　压力锅
- 30　化肥
- 32　人造染料
- 34　塑料
- 36　真空三极管
- 38　加速器
- 40　侯氏制碱法
- 42　尼龙
- 44　晶体管
- 46　特氟隆

科技篇

- 48　文字
- 50　造纸术
- 52　印刷术
- 54　编织机
- 56　电池
- 58　发电机
- 60　电梯
- 62　打字机
- 64　电冰箱
- 66　录音机
- 68　变压器
- 70　照相机
- 72　电影
- 74　空调
- 76　洗衣机
- 78　火箭
- 80　电视机
- 82　复印机
- 84　微波炉
- 86　机器人

交通篇

- 88　指南针
- 90　蒸汽机
- 92　热气球
- 94　降落伞
- 96　蒸汽汽船
- 98　铁路
- 100　自行车
- 102　内燃机
- 104　轮子

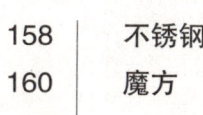

106	地下铁道
108	红绿灯
110	汽车
112	摩托车
114	飞机
116	磁悬浮列车

生活篇

118	肥皂
120	纸币
122	玻璃
124	眼镜
126	钟表
128	钢琴
130	抽水马桶
132	缝纫机
134	罐头食品
136	雨衣
138	火柴
140	邮票
142	牛仔裤
144	方便面
146	白炽灯
148	钢笔
150	可口可乐
152	保温瓶
154	拉链
156	安全剃须刀

158	不锈钢
160	魔方

信息篇

162	计算机
164	电报
166	电话
168	电话交换机
170	无线电
172	传真机
174	人造卫星
176	鼠标
178	光纤
180	条形码
182	互联网
184	全球卫星定位系统

军事篇

186	枪
188	潜艇
190	炸药
192	鱼雷
194	坦克
196	雷达
198	原子弹

注射器

我们的身体像一台非常复杂的机器,通常运行正常就表示身体好。但有时候,人体的某一个部位出了故障或者处于不正常状态,这就是生病了。在我们的一生中,不免要经历许多次病痛的折磨。当你感到无法忍受时,就应该及时到医院就诊。医生会根据你的症状来判断病情,然后开一些帮助身体抵抗或者消灭病菌的药。当药物不能减轻你的病症时,医生就会开一种针剂药物,利用输液装置——注射器,把葡萄糖、生理盐水等通过静脉输入病人体内。由于用注射器把药物直接注入比口服药物起的作用更快,因此几天之后,你的病症就会减轻,慢慢痊愈了。

公元前1世纪末期,古印度的外科学已达到了相当高的水平,外科医生已经拥有了大量的外科器械,其中就包括注射器。这些器具全部用淬过火的铁、钢或者其他合适的金属制成。

关于注射器比较确切的记载始于公元2世纪,希腊医生加伦对白内障摘除术复杂的步骤作了这样的描述:将针式注射器插入晶状体并将细针推过针管,就能够破碎白内障。把细针拔出后,外科医生便用针管吸出碎片并对晶状体进行清理。这一描述证明了当时的眼科医生就开始用制作极为精良的器械开始着手工作了。

15世纪的时候,意大利人卡蒂内尔曾提出过注射器的原理。但直到1657年英国人博伊尔和雷恩才进行了第一次人体试验。法国国王路易十六的外科医生阿贝尔也曾设想出一种活塞式注射器。

但这些注射器都只能通过人体自然的管道,或通过切开皮肤来进行注射。直到1853年,法国的普拉沃兹制成了一个能直接进行皮下注射的注射器。这个注射器是用白银制成的,容量只有1毫升,在注射器的末端安上了一个很细的中空针头来代替细管,并用一根有螺纹的活塞棒,形成了现代注射器的雏形。

由于注射器能将药物直接注入体内,药效直接,大多数的医生和患者都喜欢这种治病的方式,普拉沃兹也

19世纪用玻璃和金属制成的注射器

关键人物

法国的普拉沃兹(1791~1853),1853年制成了一个能够直接进行皮下注射的注射器,其外观跟现代的注射器已经很相似。因此,尽管在普拉沃兹之前有人进行过这方面的实验,但大多数人还是认为普拉沃兹是注射器的真正发明者。

医 学 篇

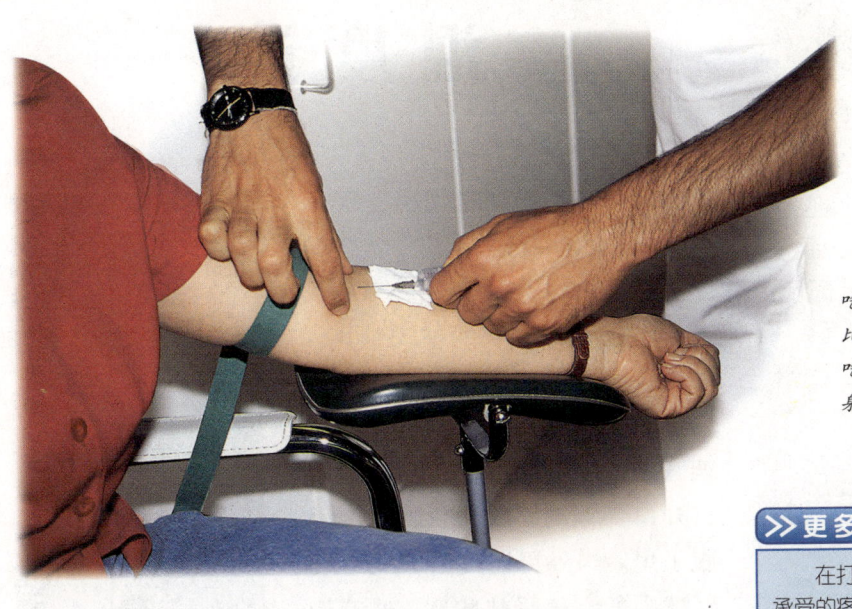

人生了病,就得吃药和打针,两者相比,打针的疗效要比吃药快得多,但在注射时人会产生痛觉。

因此成为医疗器械史上值得纪念的科学家之一。

英国人弗格森是第一个使用玻璃注射器的人。玻璃注射器有很多好处,因为玻璃的透明度好,可以看到注射药物的情况,而且还能在玻璃管上刻上刻度。另外,金属针头可用煮沸法消毒以备再次使用。

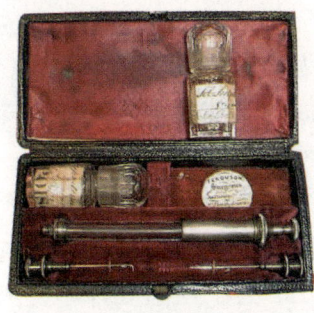

弗格森使用的玻璃注射器

如今,注射器的使用已经非常广泛,它们根据用途而有不同的式样和大小。现代医疗中普遍采用的是一种圆形空心长管,外有刻度,内配一个套筒。这种注射器大多用塑料制造,用一次即扔掉,大大减少了注射时发生感染的危险性。

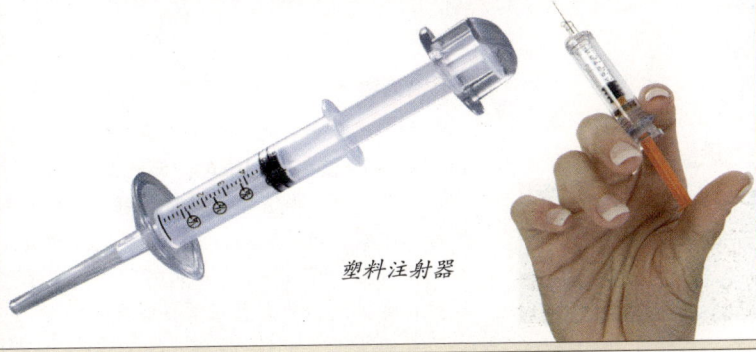

塑料注射器

>> 更多介绍

在打针的时候,肌肉所承受的疼痛令许多人无法忍受。20世纪90年代,英国的发明家克鲁克在一次偶然的机会中发明了无痛注射器。

当时克鲁克正在研究一个文身仪器,实验过程中,仪器突然爆裂了,其中一个针状的金属飞了出去。找了很长的时间,克鲁克发现针状金属居然刺进了他的手臂,而他却一点都没有感觉。克鲁克在自己的手臂上反复进行了试验,经过3年的努力,终于研制出了无痛注射器。

无痛注射器的形状和手提电话差不多,现时已通过英国著名的丘吉尔医院痛楚研究中心的测试。无痛注射器的针头,比传统的更光滑、硬直、尖细。这样可以不损伤微丝血管,甚至进出皮肤后也全无痕。无痛注射器利用压缩空气推动,下针的速度极快,由静止加速至每小时30千米,仅用二万分之一秒,可见速度惊人。它的出现免除了病人接受注射时的痛楚,深受广大患者的欢迎。

温度计

当人生病发烧时,医生会先量一下体温,了解病人身体温度的变化情况;寒冷的冬天,家庭用来测量气温的温度计会让你对室内外的气温了如指掌。如今,温度计已经成为每个家庭不可或缺的日常用品。尽管温度计的诞生大约只有400年的历史,但其应用范围已经非常广泛了。除此之外,在医疗、气象、科学研究中,小小的温度计也扮演着一个重要的角色。伽利略、斐迪南和华伦海特在温度计的早期研制中起到了不可估量的作用,为后人在该领域中的研究奠定了基础。

1592年,伽利略利用空气热胀冷缩的性质,制造了一个空气温度计。

他将一根细长的玻璃管,一端拉制成鸡蛋一样大小的空心玻璃球,一端敞口,并且事先在玻璃管里装一些带颜色的水,然后将开口一端倒插入一只装有水的瓶子里。当外界温度升高时,玻璃球内的空气受热膨胀,玻璃管里的水位就会下降;当外界温度降低时,玻璃球内的空气就要收缩,而玻璃管中的水位就会上升。伽利略在玻璃管上标上刻度,就可以利用它测量气温了。

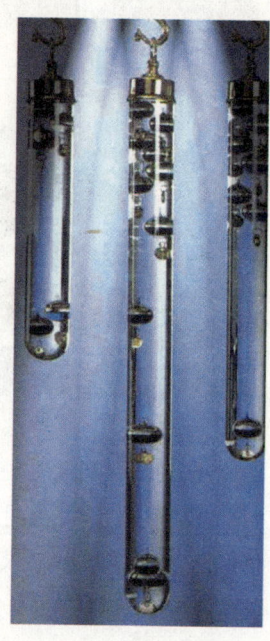

伽利略设计的温度计

意大利托斯卡纳的大公斐迪南对液体温度计的发展起了很大的推动作用。

为了使温度计不受大气压力的影响,斐迪南用各种不同的液体进行试验,发现酒精在受热以后,体积的变化比较显著。1654年,斐迪南制出了世界上第一支酒精温度计。斐迪南往一端带有空心玻璃球的管里注入适量带颜色的酒精,再把玻璃球加热,用酒精赶跑玻璃管中的空气,然后将螺旋状的玻璃管密封,并在玻璃管上标上刻度。于是,第一个不受大气压力影响的真正的温

伽利略温度计

关键人物

加布里埃尔·丹尼尔·华伦海特是一位德籍荷兰物理学家,1686年5月24日出生在波兰的但泽。华伦海特相继发明了酒精温度计、玻璃水银温度计、测高温温度计和液体比重计等。1724年,华伦海特因为发明了温度计而被选为伦敦皇家学会会员。

度计就这样诞生了。

酒精温度计构造简单，制作方便，准确度高，一经问世就得到了广泛应用。今天，我们在家庭中通常用的温度计都是酒精温度计。

华伦海特在做实验

华伦海特是德籍荷兰物理学家，他发明了水银温度计，并且是华氏温标的确立者。

由于酒精温度计受酒精沸点的限制而不适于较高温度的测量，1714年，华伦海特用水银代替酒精，从而取得了关键性的进展。他发现了一种纯化水银的方法，解决了以前由于水银中常混有氧化物，使水银容易附着于玻璃管壁上，影响准确读取刻度的难题。于是，第一个真正精确的温度计诞生了。1724年，华伦海特所做的关于温度计的报告，使其得到迅速推广。目前，英国、美国、加拿大、南非等国仍在使用华氏温度计，而我们量体温时用的也是水银温度计。

华伦海特设计的温度计

>> 更多介绍

华伦海特研制了早期的温标，即华氏温标。现在，虽然国际上使用的是摄氏温标，但在美国的大部分地区仍然使用华氏温标。

在1714年华伦海特研制了第一支温度计。他将温度计浸在冰、水和普通盐水的混合物中以确定其最低点；把温度计插在健康男人的腋下，以确定其最高点。

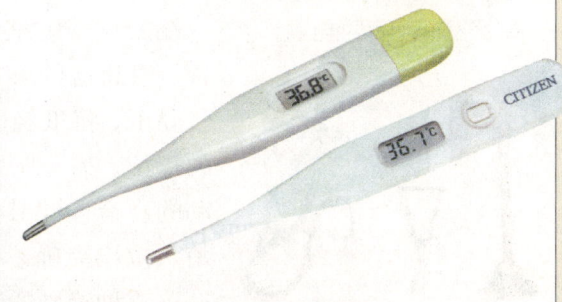

现在使用的种类繁多的温度计

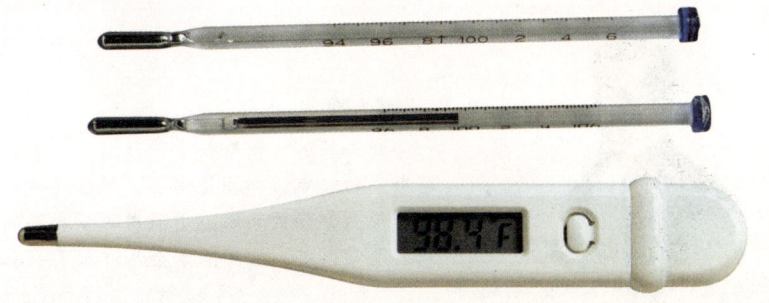

听诊器

人类在很早以前,只相信疾病是神的惩罚,只有僧侣和巫师能治好他们的病。公元前5世纪,希腊医生希波古拉底开创了医学。他声称,使人生病的不是魔法,而是大自然;治愈病人的,不是巫师,而是医生。从那时起,很多人开始怀疑传统的诊治方法,医学上开始借助简单的医疗器械来诊断病情,医学上也有了更多的发明。听诊器的发明就是其中之一。听诊器的出现弥补了过去诊断方式的不足。医生可以通过听诊器接触病人,知道病人的症状。同样,医生也可以通过这种简单的途径诊断出许多不同的疾病。

在1816年的某一天,一辆急驶的马车在法国巴黎一所豪华的府第前停下,车上走下法国著名医生勒内·拉埃克,他被请来给这家的贵族小姐诊病。面容憔悴的小姐紧皱双眉,手捂着胸口,看来病得不轻。拉埃克医生怀疑小姐患了心脏病。若要使诊断正确,最好是听听心跳的声音。由于病人太胖了,用叩诊听不到从内部传来的任何声音。拉埃克医生焦急的在客厅里一边踱步,一边想着办法。

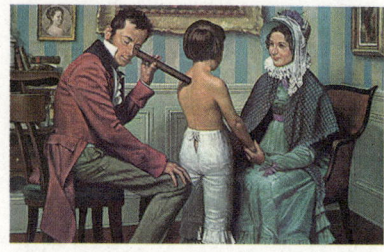

最早的听诊器是单管的

不一会儿,拉埃克医生的脑海里突然浮现出前几天在街边看到的一件事。几个孩子在一根长木梁的两端做游戏,其中一个孩子用一块石头敲一根木梁的一端,另一端的孩子则把自己的耳朵贴在木梁上,静听传来的声音。想起这件事,拉埃克医生思路顿开,他立即找来一张厚纸,将纸轻轻地卷成一个圆筒,一头按在小姐心脏的部位,另一头贴在自己的耳朵上。很快,小姐心脏跳动的声音连同其中轻微的声音,都被拉埃克听得一清二楚。拉埃克确诊了小姐的病情,并开了药方。

这种绝妙的装置使拉埃克萌发了用它来研究心脏病的想法。回到家后,拉埃克马上制作了一根空心木管,长30厘米,口径0.5厘米。为了便于携带,这个木管

听诊器随时代发展

关键人物

听诊器的发明者是法国著名医生勒内·拉埃克,借助听诊器的帮助,拉埃克诊断出许多不同的胸腔疾病,进而让他对胸腔医学进行了深入全面的研究,并且整理出有关的资料,写成了一本影响深远的医学巨著,临床医学至此进入了一个新的纪元。

由两节合成，用螺纹旋转连接，这就是历史上第一个听诊器。

后来，拉埃克又做了许多改进。1814年，他发明了效果更好的单管听诊器。这种听诊器与现在产科用来听胎儿心跳的单耳式木制听诊器很相似。

1840年，英国一位名叫乔治·菲力普·卡门的医生改良了拉埃克设计的单管听诊器。他发明了将两个耳栓用两条弯曲的橡皮管连接的双耳听诊器，改良后的听诊器有助于医生利用双耳更正确地诊断，并能听诊静脉、动脉、心脏、肺、肠内部的声音，还可以听到胎儿心跳的声音。

虽然此后的新型听诊器不断问世，但人们普遍采用的仍是由拉埃克发明的、经卡门改良的听诊器。

听诊器改变了依靠原始叩诊诊断病情的方式，是医疗器械史上的一项重大突破。

在没有听诊器之前，医生给病人看病常常是采用叩诊的方式。

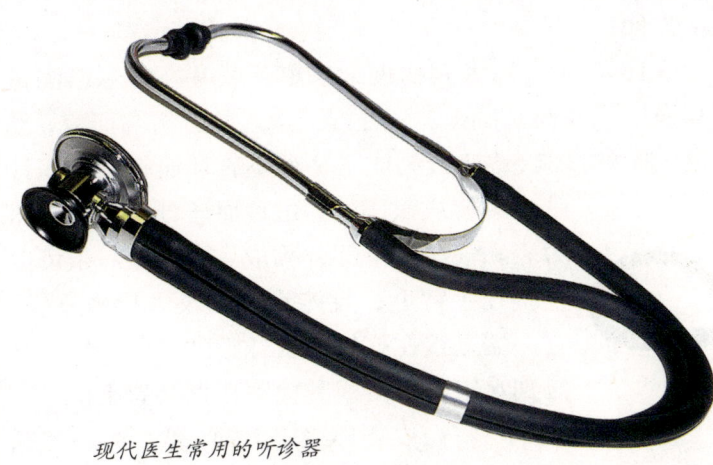

现代医生常用的听诊器

>> **更多介绍**

过去，人们出行的交通工具是马车，现在是汽车、飞机。过去，医生诊病用的是老式听诊器，现在，出现了一种创造性产品——电子听诊器。

电子听诊器有很多优于传统听诊器的特点。如：它的计数、读取将更加精确，结果可通过液晶屏幕显示出来，并具有数位语音自动播放功能；它有较强的抗噪音干扰性能，即使周围环境嘈杂，仍能准确读取数据等等。另外，电子听诊器可以自动放大心跳音、内脏杂音，再经导管传给医生、护士，以进行更加精确的诊断。并且可以将这些杂音录制下来，作为病例存档，以利于长期比较性检查。

电子听诊器的出现，不仅为医护人员提供了更好的诊断途径，也将因其智能性和易操作性成为家庭保健的首选。

血压计

医生们早已熟知身体虚弱的病人脉搏跳动微弱的事实,然而长期以来都无法对此做出准确的测量。尽管哈尔斯的原始血压计让人感到那么不敢靠近,但它毕竟导致了里瓦罗基设计的血压计的产生,从此,人们可以准确地测量血压了。

人们测量血压最先是在动物身上做试验的,英国医生哈尔斯可以说是研制血压计的第一人。1733年,哈尔斯把自己家里饲养的一匹最心爱的高头大马作为测试血压的对象。他将一根2.7米长的玻璃管与一根铜管的一端相连接,接着,他又将铜管的另一端插入马颈部的动脉血管内,然后使玻璃管竖直,让血顺着玻璃管上升,这样测得马的血压为2.1米高。哈尔斯注意到,随着心脏的跳动,血柱上升和下降5～10厘米。但是很明显,这样测量血压既不安全,也不方便,而且对血管的破坏非常严重,根本不适宜用于人类。

1854年,德国一位生理学家提出了可以通过体外测量阻止血流压力来代替直接从血管内测量血压的观点,并据此设计出了一种带杠杆的测量血压装置,但是这种装置相当笨重,而且使用起来也很不方便。

画家用画笔记录下1733年哈尔斯医生首次为马测量血压时的情形

1896年,意大利物理学家里瓦罗基在哈尔斯测量马血压的试验基础上,又进行了深入的分析与研究,经过大胆的试验,终于改制成了一种不破坏血管的血压计——裹臂式血压计。这种血压计由袖带、压力表和气球三个部分构成。袖带是一条可以环绕在手臂上、且能充气的长方形橡皮袋,它一端是接在打气橡皮球上的,另一端则是接到水银测压器或其他测压器装置上的。

测量血压时,将橡皮袋环绕于上臂,然后将空气徐徐打入橡皮袋,压力升高到一定程度时,动脉血管被压扁，造成血液流动停止。然后，慢慢放气。当袖带压力低于心脏收缩排出血液产生的动脉压时，血液便开始恢复流动，用听诊器可听到脉搏跳动，此时水银柱显示出来的压力即为收缩压；当压力继续减少，直到不阻碍心脏舒张状态的血液畅通时，测得的数值即为舒张压。

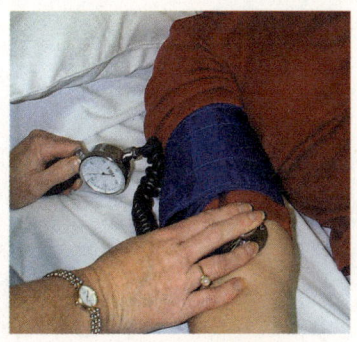

测量血压

显然，里瓦罗基的血压计要比哈尔斯测量血压的方法科学、安全得多，因此被世界各国的医生们所广泛采用，成为了重要的血压诊断工具。

1905年，俄国人尼古拉·科罗特科夫对裹臂式血压计稍作改进，使其不用听诊，只用触诊法即可准确测定人的血压。

现在，随着医学知识的普及，血压计早已不再是医院的专用器械了，许多家庭也开始选购并使用血压计。其中电子血压计便是一种非常适合家庭使用的新型血压计，它操作简单，为很多疾病的预防和控制提供了很好的帮助。

英国医生哈尔斯认为血液循环随时间而不断变化，并提出了血压这一概念。

>> **更多介绍**

血压是心脏在收缩时对它自身和动脉血管产生的一种压力。心室收缩时产生的血压为收缩压，心室舒张时产生的血压为舒张压。收缩压是血压的最高值，舒张压是血压的最低值。血压与人体循环系统的健康状况密切相关，因此，我们可以通过血压计测量血压来了解身体状况，防止疾病的发生。

以往根据一次或几次测量就确定血压的方法并不十分准确，因为人的血压是经常波动的，情绪、运动、进食和其他许多情况都会影响到血压。为了解一天内血压的动态变化，现在人们又制造了各种动态血压记录仪。其中有一类是测量脉搏传导时间的，输入电脑后，可计算出收缩压、舒张压和平均压。这种血压计的优点是：不受体位和肢体活动的影响，测量时病人无感觉，也不影响病人休息，每天可测定2 000次以上。这种血压计测量的值，可反映出一个人的动态血压变化。

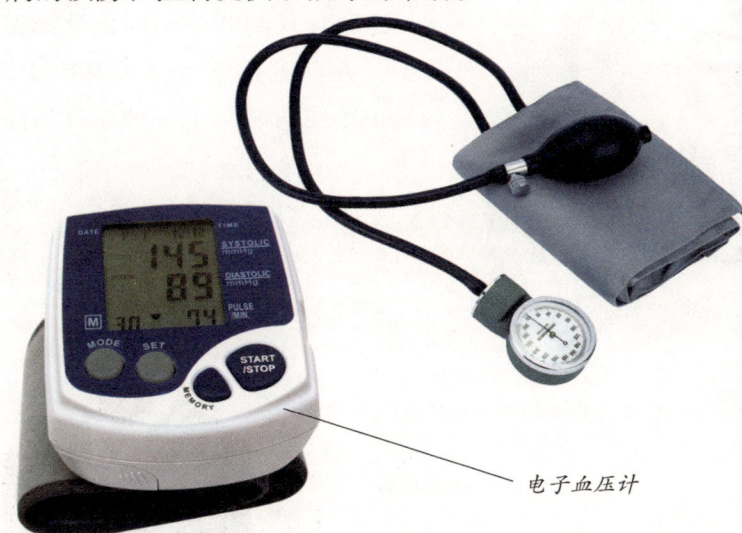

电子血压计

阿司匹林

很多人都知道阿司匹林这样一种药物，它是当今世界上应用最广泛的解热、镇痛和抗炎药，也是作为比较和评价其他药物的标准制剂，被誉为"医药史上三大经典药物"之一。今天市场上出售的阿司匹林是在实验室里合成的，但最初的阿司匹林则是从一种植物的叶子中提炼出来的。从天然提炼、人工合成到广泛应用，阿司匹林走过了一段曲折的旅程，这段旅程向我们诉说了医学工作者的智慧和辛劳。

早在公元前 400 多年的古希腊，被尊为"西方医学之父"的希波克拉底就曾提出用柳树皮的浸泡液来缓解产妇的阵痛。1758 年，英国神父爱德华·斯通无意间扯了一片白柳树皮咀嚼起来。出乎意料的是他的关节痛和发热都减轻了。他用同样的方法对 50 名病人进行治疗，发现这种汁液对治疗发烧非常有效。他把实验结果报告给了英国皇家协会，但却没有得到足够的重视。后来经研究发现，这种汁液中的有效成分是水杨酸。

希波克拉底

19 世纪 20 年代，一位瑞士科学家从一种植物的叶子内提取出了水杨酸。不过，它虽然有镇痛解热的功效，但对食管和胃部有强烈的腐蚀作用，只有那些疼痛很剧烈的人才服用它。1853 年，法国化学家夏尔·弗雷德里克·热拉尔将从另一种植物绣线菊中提炼出来的水杨酸与乙酸和乙酰结合起来，解决了这个问题，但他还没有来得及对这种合成药物进行进一步的验证，就去世了。

德国拜耳制药公司的化学家霍夫曼，在前人探索开拓的基础上，1895 年他研制出了一种经过结构

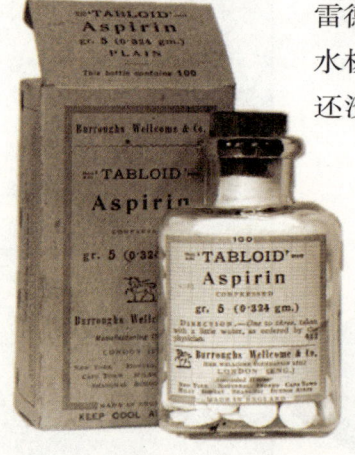

关键人物

29 岁的霍夫曼怀着一个强烈的心愿来到拜耳公司工作，他希望找到一种新药，使每天必须忍受关节疼痛的父亲免于煎熬。1895 年，他研制出了一种经过结构转换的水杨酸的类似物，它能止痛，也能减轻发热和炎症。

转换的水杨酸的类似物，该物品与其他水杨酸药品相比，副作用要小得多。霍夫曼和同事海因里希·德雷泽一起对这种药进行了大量试验。在对这种物品命名的过程中，他们认为应该在药名中反映它与绣线菊的关系——于是，阿司匹林（Aspirin）就诞生了：A 代表了乙酰，spir 是绣线菊（spiraea）的前四个字母，in 则是拜耳公司特有的、在每一种药名上加的后缀。大写 A 字当头的阿司匹林成了拜耳公司 100 多年历史上最大的骄傲和对世界最大的贡献。

1899 年 3 月 6 日，霍夫曼所在的拜耳公司向柏林皇家机构申报了这一专利。3 年之后，这种新药的第一粒片剂诞生了，1903 年 4 月，拜耳公司进入美国市场，并最终在美国扎下了根。

阿司匹林一问世，就立即成为治疗感冒、头痛、发烧、风湿病和缓解、治疗关节及其他部位疼痛的最畅销的止痛药，而且 1969 年 7 月，阿司匹林还随宇航员阿姆斯特朗登上月球，以治疗宇航员们的头痛和肌肉痛。

霍夫曼和当时的拜耳公司肯定没有料想到：100 多年来，无数新药在风靡一时后又消失得无影无踪，而这种价格低廉、毫不起眼的白色小药片却能够久盛不衰。据有关资料统计，目前全世界每年消耗的阿司匹林达 5 万吨，约 600 亿片。仅美国和英国，一年就消耗 1.1 万吨。

20 世纪 30 年代，拜耳公司的阿司匹林进入中国市场的广告。

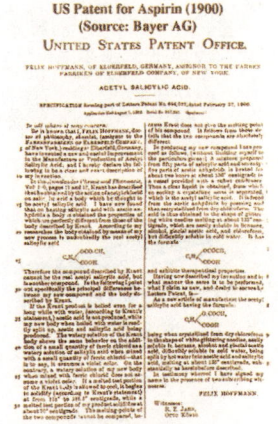

1900 年，拜耳公司向美国专利办公室申请了阿司匹林的专利权。

>> 更多介绍

20 世纪 80 年代初，英国药物学家约翰·文博士和他的同事们发现阿司匹林是通过抑制人体中前列腺素的生存来发挥其止痛作用的。几乎所有的人体细胞都可以产生这种类似荷尔蒙的物质——是它向大脑发出疼痛的信号。由于这个发现，约翰·文博士与他人分享了 1982 年度的诺贝尔医学奖，也由于这个发现，大大拓展了阿司匹林对各类疾病预防的范围。

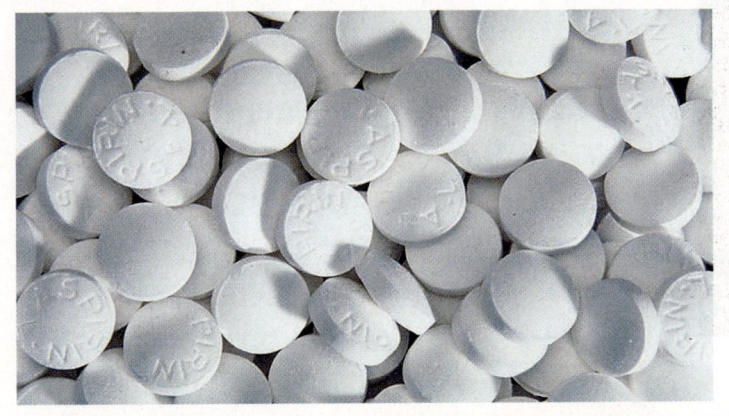

科学史上的伟大发明

青霉素

自古以来，传染病就是人类的大敌，一代代的科学家在传染病面前费尽心机。后来的研究发现，这一切原来都是由细菌造成的。当一个叫弗莱明的发明家不小心将一个实验用的细菌培养皿暴露在含有杂质的空气中时，却带来了青霉素这一革命性医学发明的诞生，也许，发明这个职业还真是一门"机会主义"的学问，偶然的一次事件将会带来一次突破性的进步。

19世纪下半叶，法国人帕斯特发现有些细菌虽然能置人或动物于死地，却很容易被其他的细菌所抑制或消灭，这种现象就是生物学和医学上通常说的"抵抗作用"。据此人们自然想到，如果能将对人体无害而对病源菌有抵抗作用的细菌引入体内，不就可以防治病菌感染了吗？

20世纪30年代，德国研究人员发现了一种重要的杀菌药物——磺胺类药物。但人们逐渐发现，磺胺类药物只对少数几种疾病有较好的效果。而且，对于许多病人还会产生严重的副作用。于是人们愈来愈强烈期盼着一种有效而无害的杀菌剂的问世。

1928年，英国细菌学家亚历山大·弗莱明从青霉菌的原液里发现了青霉素。

弗莱明发现青霉素，一半靠的是机遇，而另一半则靠他聪明的头脑和严谨的科学作风。一次，弗莱明在实验室里研究葡萄球菌后，忘了盖好盖子，一个星期后，他突然发现培养细菌用的琼脂上附了一层青霉菌，原来，这是从楼上一位研究青霉菌的学者的窗口飘落进来的。令他惊讶的是，凡是培养物与青霉菌接触的地方，黄色的葡萄球菌正在变得透明，最后完全裂解了，培养皿中显示出干干净净的一圈。毫无疑问，青霉菌消灭了它接触到的葡萄球菌。随后，他把剩下的青霉菌放在一个装满培养菌的罐子里继续观察，几天后，这种特异青霉菌长成了菌落，培养汤呈淡黄色。他又惊讶地发现，不仅

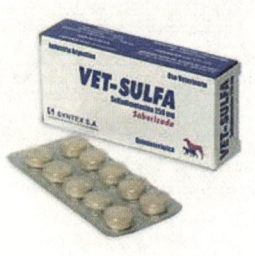

磺胺类药

亚历山大·弗莱明

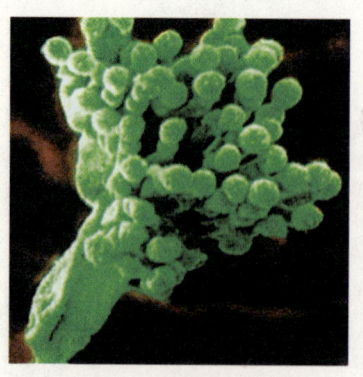

电子显微镜下的青霉素

医学篇

在一个玻璃培养皿中培养的青霉菌，它在营养物质表面很快生长繁殖起来。

青霉菌正在吞噬致病菌

青霉菌具有强烈的杀菌作用，而且就连黄色培养汤也有较好的杀菌能力。于是他推论，真正的杀菌物质一定是青霉菌生长过程的代谢物，他称之为青霉素。而在当时的技术条件下，提取的青霉素杂质较多，疗效不太显著，人们没有给青霉素以足够的重视。但弗莱明坚信总有一天人们将用它的力量去拯救生命。因此，他没有轻易丢掉所培养的青霉菌，反而更耐心地培养它。

20世纪30年代，澳大利亚病理学教授霍华德·弗洛里组织了一大批专家专门研究溶菌酶的效能。1935年，29岁的生物化学家厄恩斯特·钱恩的加盟使这个小组的科研力量立刻强大了起来。1939年钱恩等人在一本积满灰尘的医学杂志上意外发现了弗莱明10年前关于青霉素的文章。弗莱明关于青霉素具有良好的抗菌作用的阐述极大地鼓舞了弗洛里和钱恩。不知经过了多少个不眠之夜，到了年底，钱恩终于成功地分离出像玉米淀粉似的黄色青霉素粉末，并把它提纯为药剂。在军方的大力支持下，青霉素开始走上了工业化生产的道路。

霍华德·弗洛里

>> 更多介绍

青霉素大量应用后，拯救了千百万肺炎、脑膜炎、脓肿、败血症患者的生命，及时抢救了许多伤病员。为了表彰这一造福人类的贡献，弗莱明、钱恩、弗洛里于1945年共同获得了诺贝尔医学和生理学奖。

同时，青霉素的成功也为其他抗生素的研制打开了方便之门。它奇迹般的疗效，迷住了几乎所有的人，促使人们在世界各地到处寻找亲近的抗菌物质。此后，在短短20余年内，人们又陆续发现了链霉素、氯霉素、金霉素等数十种各有功效的抗生素。抗生素的广泛应用，不仅充分地展示了它的神奇功效，同时，也尖锐地暴露出它的问题。在全世界使用青霉素总数超过亿剂后，引起了第一例死亡。后来，人们发现，多达10%的人对青霉素有过敏反应，而且某些细菌逐渐对青霉素产生了耐药性。尽管如此，各类抗生素的发现仍然是人类取得的一个了不起的成就！

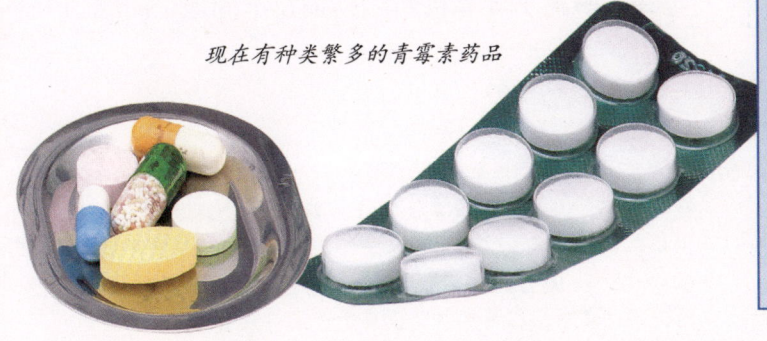

现在有种类繁多的青霉素药品

CT 扫描仪

古代的许多典籍里都不乏一些关于宝镜或是仙人镜的记叙，其中讲到的它们神奇的魔力代表了古人们潜藏在内心的一种美好幻想。然而到了20世纪，飞速发展的科学技术却使昔日的梦想变成了现实。科学家们创造出了真正的宝镜——CT扫描仪。

作为现代医学三大显像技术之一，CT扫描仪的问世，在20世纪70年代的放射医学界曾经引起了爆炸性的轰动。这项发明被认为是继伦琴发现X射线后，物理学对放射医学的又一划时代的新贡献。

CT扫描仪的直接发明者是豪斯菲尔德，但是它的发明过程却凝聚着多位科学家艰辛的探索和不懈的努力。

在医学上，人们弄清了为什么用X射线透过人体，荧屏上会显出骨头的黑影。因此，通过X光片，医生可以了解到病人骨头的情况以及体内的一些硬质异物。X射线诞生3个月后，就被维也纳医院首次用于为人体拍片。在这之后，世界各地的医院都开始了X射线的应用。

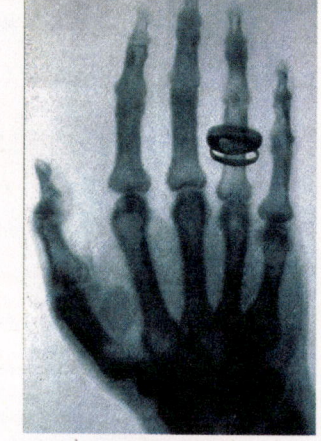
伦琴夫人的手骨

1955年，美国物理学家科马克受聘到南非开普敦市一家医院的放射科工作。在医院中，科马克很快便对癌症的放射治疗和诊断产生了兴趣。当他发现当时的医生们计算放射剂量时是把非均质的人体当作均质看待时，"如何确定适当的放射剂量"就成了科马克决心攻克的难题。最后，科马克认为要改进放射治疗的程序设计，必须把人体构造和组成特征用一系列切面图表现出来。他运用了多种材料、多种形状的物体直至人体模型做实验，同时进行理论计算。经过近10年的努力，科马克终于解决了计算机断层扫描技术的理论问题。1963

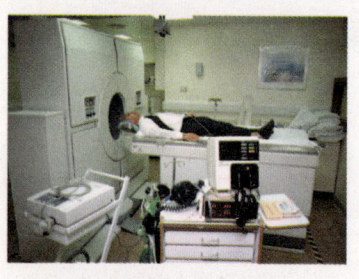
病人在用CT机接受检查

关键人物

豪斯菲尔德1918年出生在英国，13岁时他曾用一些零件制成了一台电唱机。1951年，他从法拉第·豪斯电气工程学院毕业后不久就主持研究英国第一台晶体管电子计算机。1969年底他开始研究CT样机，1970年10月完成整个设备。1979年，他和另一研制CT扫描仪的美国物理学家科马克共同获得了诺贝尔医学和生理学奖。

年,科马克首次建议使用 X 射线扫描进行图像重建,并提出了精确的数字推算方法。他为 CT 扫描仪的诞生奠定了基础。

与科马克不同,英国科学家豪斯菲尔德一直从事工程技术的研究工作。他于 1951 年应聘到电器乐器工业有限公司从事研究工作,尝试将雷达技术应用于工业生产、气象观察等方面。不久,他又转向电子计算机的设计工作。

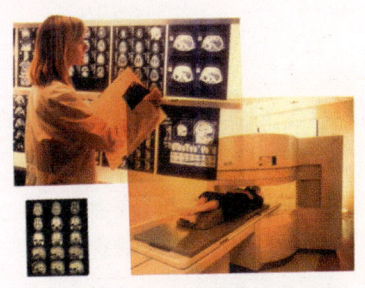

通过 CT 扫描设备可以检查人体健康状况

当时,他任职的电器乐器工业有限公司除计算机外,还生产探测器、扫描仪等电子仪器。豪斯菲尔德的目标是要综合运用这些技术,生产出具有更大实用价值的新仪器。科马克的研究成果给了他很大的启迪和信心。在科马克等人研究的基础上,豪斯菲尔德选择了 CT 机作为研究的课题。好在他对计算机技术的原理和运用驾轻就熟,CT 图像重建的数学处理方法可以恰当地与他熟悉的计算机技术结合起来,所以研制中的一个个难题很快便迎刃而解了。

1969 年,豪斯菲尔德终于设计成功了一种可用于临床的断层摄影装置,并于 1971 年 9 月正式安装在伦敦的一家医院。10 月 4 日,他与神经放射学家阿姆勃劳斯合作,首次成功地为一名英国妇女诊断出脑部的肿瘤,获得了第一例脑肿瘤的照片。同年,他们在英国放射学会上发表了论文。1973 年,英国放射学杂志对此作了正式报道,这篇论文受到了医学界的高度重视,被誉为"放射诊断史上又一个里程碑"。从此,放射诊断学进入了 CT 时代。

科马克

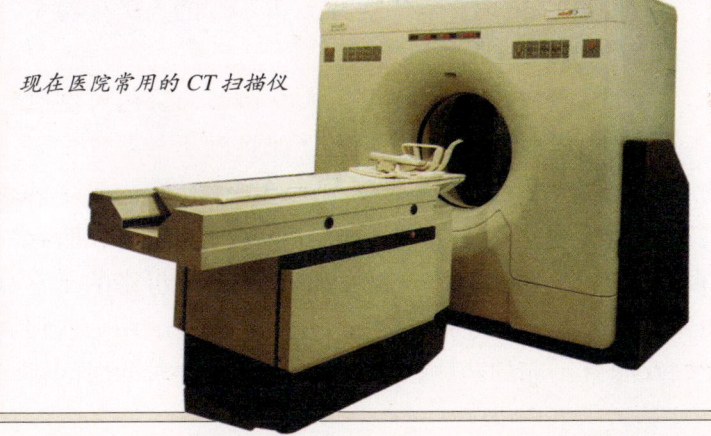

现在医院常用的 CT 扫描仪

>> **更多介绍**

到了 20 世纪 70 年代末期,核磁共振成像技术使医学革命更向前推进了一步。它是通过使用一个强磁场中频率极高的电波扫描人体,从而对人体内部,特别是体液流动过程的情况进行成像观察的。虽然 CT 机和核磁共振扫描仪这些高技术的医疗设备制造成本十分昂贵,但它们的确使人类对疾病诊断的准确程度大大提高了,因而被誉为 20 世纪医学诊断领域所取得的最重大的突破之一。

试管婴儿

20世纪是生命科学的辉煌时代。这个时代，科学家们似乎具有了无穷的魔力，能使生命在透明的试管中生根发芽。"试管婴儿"的诞生，使许多因患有输卵管疾病而不能生育的妇女成为了幸福的母亲。时至今日，全世界已经有近百万的试管婴儿来到了人间，他们为无数的家庭带去了希望、欢乐和生命的延续。

早在19世纪70年代，就有科学家提出了人工授精的建议。

1878年，一些生物学家曾对家兔和豚鼠进行体外受精的试验，但是直到1951年以前，所有在哺乳动物身上进行的体外受精试验均以失败告终。1951年，一位名叫奥斯蒂恩的生物学家推测，精子似乎需要在雌性生殖管道中停留一段时间，才能穿过卵子的透明带。通过长达一年的实验，奥斯蒂恩又进一步明确地提出：精子在具备穿入卵子的能力之前，必定要经过形式的变化，这一变化可能是形态上的，也可能是生理上的。

在奥斯蒂恩的基础上，美国人洛克和门金从1944年开始进行人卵的体外受精实验。他们先从卵巢中取出卵子，经过24小时的培养后，将精液加入其中，又经过45小时的培养后，洛克和门金发现133个卵子中出现了4个受精卵，每个受精卵又继续卵裂到2～4个分裂球时期。虽然他们只得到了极少数的受精卵，但是却为试管婴儿的诞生点燃了希望之火。

20世纪60年代初期，英国的两位妇产科专家帕特里克·斯蒂托和罗伯特·爱德华兹开始密切合作，他们共同向千百万年来亘古不变的人类生育史发起了挑战。

1965年，他们提出了人卵在玻璃管内可能受孕的证据，特别明确地描述了雄性配子与雌性配子的成熟过程。此后十余年，俩人都致力于试管内受孕的实验。实验包括两个主要部分，即体外受精和胚胎移植。前者在试管内进行，后者将胚胎移植到母亲的子宫中发育长大，其经过有以下几个过程：首先，用一些促使妇女卵巢排卵的药物，使妇女的卵巢按要求的时间排

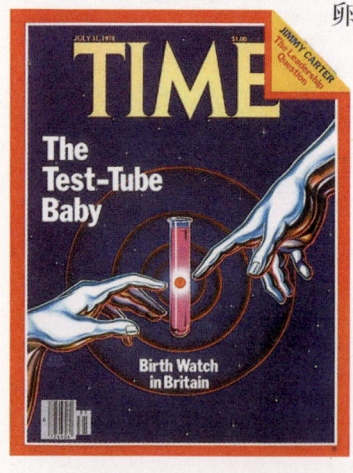

《时代周刊》关于试管婴儿的封面

出卵子，然后再用特殊的器械插入妇女腹腔中将卵子取出，放入培养液中孵育，等到完全成熟后，再加入经过处理的精子，让精子和卵子在器皿中形成受精卵。浸在培养液中的受精卵逐渐开始产生细胞分裂，一个受精卵分裂成两个、两个变四个、四个变八个……渐渐发育成幼小的胚胎。这时，它就可以被移入母亲的子宫腔中，慢慢长大，直至变成婴儿。

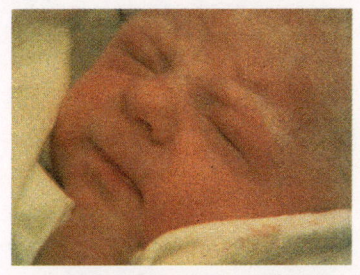

世界上的第一例试管婴儿

1978年，斯蒂托和爱德华兹的智慧终于结出了硕果。7月25日这天，全世界的新闻媒体都将镜头对准了英国奥尔德姆市医院，23时47分，人类历史上第一例试管婴儿路易斯·布朗健康地来到了人间，与所有正常婴儿一样，她既可爱、又美丽。

自此，试管婴儿技术成了不育症患者的最佳选择。目前，第二代、第三代试管婴儿的研究正在不断地进展当中。

长大后的路易斯·布朗

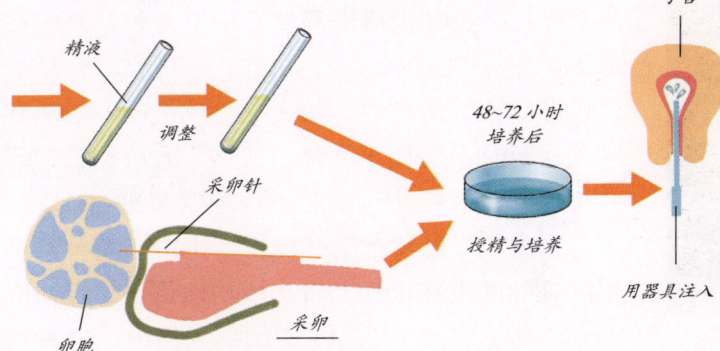

体外授精和人工授精示意图

>> 更多介绍

从试管婴儿诞生的那天起，社会各界对此的争论和关心就没有停止过。这种超越自然规律的繁殖方式给人们带来了种种疑问。人们曾担心试管婴儿可能会有无法预料的遗传问题；或许他们长大后会觉得自己"不正常"；而有些来自伦理和宗教界的批评认为，人类文明的最基本结构甚至人之所以为人本身等将因此而动摇……

这些评论不乏其合理性，但普通试管婴儿技术经过20多年发展，已成为一项非常成熟的技术。如今，全世界已有数十万试管婴儿，他们基本上都健康正常，与周围的人过着一样的生活，更没有给我们的社会带来任何危害。

人造心脏

就像一个国家有它的铁路、公路系统一样，人体也有自己的交通体系——循环系统，以便向数以百万的细胞输送营养，而它的核心是心脏。心脏就像人体的发动机一样，偶尔也会出毛病，如果是小毛病，外科医生给它稍作修理，便会恢复正常状态。如果出了难以"修"好的大毛病，那就要"大动干戈"，找一个更好的"发动机"换上去。人造心脏这个性能良好的"发动机"为心脏病患者带来了福音。

自从 1967 年 11 月南非医生克里斯蒂安·尼斯林·巴纳德博士开创了心脏移植手术以来，心脏移植手术所遇到的难题就是：可供移植的人的心脏得之不易，而需要做心脏移植手术的病人却越来越多。因此，心脏移植手术必须另找出路，而人造心脏则成为一个良好的选择。

1982 年 12 月 2 日，美国犹他大学的杜布利兹医师为患有心肌病的巴尼·克拉克装上人造心脏，这位美国西雅图 62 岁的退休牙科医生有幸成为了世界上第一个接受人造心脏移植手术的人，这颗塑料心脏在他的胸腔里跳动了将近 1 300 万次，维持了 112 天的生命。他的去世是由于多种器官功能衰竭造成的，与人造心脏无关。

这颗心脏是第一代人造心脏，它是由犹他医疗小组成员罗伯特·贾维克设计的。它通过两条 2 米长的软管连到体外的一部机器上，压缩空气维持着人工心脏的跳动，但缺点是需要由体外装置提供动力能源。

后来又陆续给另外 4 名病人移植了 JARVIK—7 型人造心脏，结果都没有活得太久，其中活得最长的一个是 620 天。从此，人造心脏移植处于停滞阶段，医学界认为，这种技术还不成熟和完善，暂时不能用于人体。但是，人造心脏的研究工作并没有停止，而是继续摸索前进。

1993 年，巴黎东南郊克雷泰伊市亨利·蒙道尔医院的医生在世界上首次成功地将一个轻便的电动心脏，植入一位 44 岁的病人体内。这种被叫做诺瓦科尔的电动心脏是第二代人造心脏，它

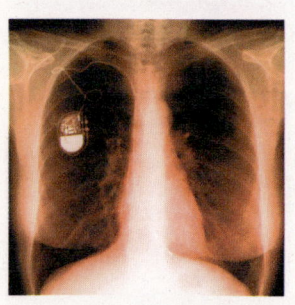

人工心脏起搏器

贾维克和他的 JARVIK—7 型人造心脏

医学篇

是由金属材料、塑料合成品和牛心包组织制成的,由于胸部无法安装人造心脏,故将此心脏植入病人腹部肌内槽。它有一只气泵和一个驱动装置,蓄电池和控制器装在病人体外的包内,由一根导线与腹内相连。它只有左心房的功能,因此只是一个人造的"半心脏",通过气泵将血液输送到全身。

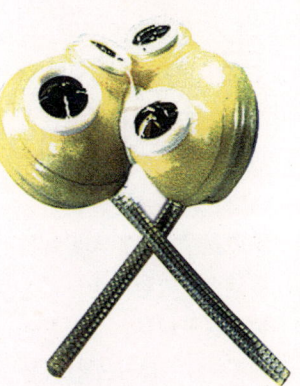

永久性电动人造心脏

这种电动心脏价格约10万美元,一般病人可望而不可及,而且它的缺点是气泵噪声较大,通过该心脏循环的血液容易造成凝结,从而导致供血不足及心肌梗塞,因此病人必须长期服用抗凝血药物。

1995年10月,英国牛津史蒂夫·韦斯塔比医生给患有严重心脏病的古德曼实施了永久性心脏移植手术。

这颗植入的永久性电动人造心脏是由美国得克萨斯心脏研究所设计、美国热动力心脏系统公司制造的。这颗价值8万英镑的电动人造心脏大小如同拳头,两侧安装有两条导管。其中一条与古德曼的右心房相连,另一条与左心室相连。血液从左心室流出,经电动人造心脏加压后流入右心房,这样就帮助心脏完成了血液循环的任务。

古德曼接受手术后情况良好,在他手术初步成功的鼓舞下,当时英国很多心脏病患者都开始跃跃欲试了。

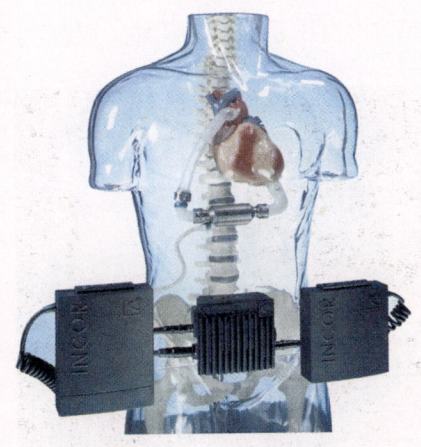

德国科学家发明的新型人造心脏"Incor"

人造心脏模型

>> 更多介绍

德国科学家发明的新型人造心脏"Incor"经过近一年的试验,目前已获准在欧洲范围内正式投入临床使用。

据研制方"柏林心脏股份公司"及德国心脏研究中心介绍,这种新型人造心脏以一种特殊结构的泵为血液循环提供动力,其叶片在磁场作用下旋转。这种设计可避免系统内部出现摩擦、磨损及发热等问题,同时也降低了血液凝结给人造心脏带来的危险。这种新型心脏的最大特点是小巧灵活,采用连续电动泵设计,可以完全植入患者体内,不仅可用于临时性辅助治疗,也可作为永久性移植体,对晚期心力衰竭病人及心肌梗塞患者均有很好的疗效。

这一设计也有自身的缺陷,那就是在植入该心脏后,患者只能感到微弱的脉搏或者没有脉搏,但这丝毫不影响它在人体内的正常工作,可严谨的科学家们仍试图对它进行改进,以求达到更完美的效果。

23

历法

当落日余晖散尽，繁星升起，你我仰望苍穹，古老的神话又在千古传唱，这生生不息的宇宙呀！何时是个开端，又何时是个结束？人类背负着这个旷古疑问走过了无数个春夏秋冬，而这苍茫的岁月并不曾白白流逝，智慧的祖先们寻求了各种各样的方法，期望能够记录这历史的痕迹。

从基督纪元开始直至其后的1 000多年里，整个西方世界都采用恺撒历。这种历制因其创立者是伟大的罗马人恺撒而得名，它比此前的历制进步了许多。以前的历法只是一种随意的日期安排，常被人利用以达到政治目的，而伟大的尤利乌斯·恺撒下决心要一劳永逸地解决罗马历法中的种种问题。他于公元前48年访问埃及，与埃及的专家学者进行了长时间的讨论。亚历山大的天文学家宇西琴尼建议彻底放弃阴历，由0开始，重新启用共有365天的埃及太阳年，每过4年应当给2月额外增加一天。这种历制由此比较接近于现行历制的形式和准确

公元10世纪，伊斯兰教的天文学家制造出了一种统一刻度的日晷。这种新日晷，能长年累月精确地计时，且每小时的长短一样。

在这幅16世纪的油画中，描述了教皇格里高里十三世在罗马主持一个会议，提出了他的历法改革方案。

关键人物

尤利乌斯·恺撒，古罗马共和时期罗马政坛的杰出人物。恺撒不仅是位伟大的军事家，还是一位著名的文学家。恺撒留下了一个强大的中央集权帝国，还有一部他决定采用的历法——儒略历。这部以恺撒名字命名的历法就是现在大多数国家通用的公历的前身。恺撒死后，西方帝王往往用他的名字作为自己的头衔。人们称他是历史上才干卓绝、仁慈大度的君主的楷模，认为他是一位出类拔萃的真正的政治家。恺撒对人民的安抚政策有效地治愈了战争给罗马带来的创伤，是他使罗马帝国成为西方古代史上最负盛名的帝国。

性：每月不是 30 天就是 31 天，但次序和现行历不同，2 月例外，这和现在一样，但它在平时年份中是 29 天，在闰年却有 30 天。

形式简明的恺撒历使广大的群众能够记录时间，安排事务。但在几个世纪过去之后，这一历法仍然发生了很大的误差。到公元 16 世纪，其差异已经累计到了 10 天，教皇不得不从尤利乌斯·恺撒留下的问题入手，颁布敕令，强制推行历法改革。1582 年，教皇格里高里十三世发布敕令规定，除非一个世纪的最后一年能被 400 整除，否则，即使到了闰年，也不应增加额外的一天。这样，1600 年将是一个闰年，而 1700 年则不是，如此一来，每年的误差就小到 26 秒。为了使历制和季节同步，格里高里十三世将公元 1582 年减少 10 天，10 月 4 日以后紧接着就是 10 月 15 日。为了助兴，他又将新年元旦恢复为原先的 1 月 1 日。我们现在所使用的公历，即是沿袭了格里高里十三世推行的历法。

公元前 1500 年前后，埃及朝官阿门内姆哈特发明了最早的计时装置——水钟。

油画《恺撒之死》

在古代中国记载的甲骨文

巴比伦历碑，上面是楔形文字。

>> **更多介绍**

埃及人认为，在洪水开始泛滥之前，那颗最亮的星——天狼星总是位于地平线上，所以无法看见。天狼星在埃及被称为"梭西斯"，于是"梭西斯"上升就表示洪水的来临以及一年的开始。此外，埃及祭司将一年分成 12 个月，每个月有 30 天。但他们用不着担心多余的月份，只将每年加上额外的 5 天，这些"年的日子"就用来宴乐和举行宗教仪式，礼拜"梭西斯"并感激它滋润了土地。

显微镜

当我们用肉眼看惯了这个世界的时候，一项伟大的发明——显微镜，却将人们带入了一个全新的天地。在它出现之前，人类观察世界的方式受到了一定的局限，在它出现之后，人们第一次看到了数以百计的"新的"微小生命，以及从人体到植物纤维等各种东西的内部构造。因此，它的诞生在生物学与医疗等领域掀起了一场巨大的革命。

1590年的一天，荷兰米德尔堡的眼镜制造技师哈里耶斯·詹森有事外出了，他的两个儿子便偷偷溜到爸爸的工作坊里去玩。当兄弟俩顺手拿起一些镜片，放进一个铜管里对着一本书看时，竟发出了惊讶的喊声："呀！字母的一个小点大得像一只蝌蚪啦！"

后来，爸爸听到了兄弟俩兴奋交谈的话，便将信将疑地走向工作台，拿起了那个铜管和两块镜片，果然也看到了奇迹，于是，詹森开始有意识地进行这方面的研制。不久，一架由一个双凸透镜和一个双凹透镜组成的仪器诞生了。由于它的放大率远远高于放大镜，因而人们将它称作显微镜。

在詹森之后，列文虎克经过多年的辛劳，终于在1675年磨制出一种放大率超过了200倍的显微镜。列文虎克用它来观察一滴积贮的雨

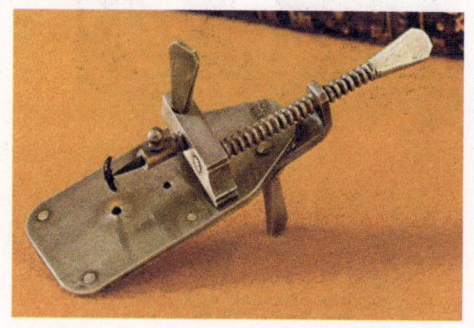

1675年，列文虎克自制的单式显微镜。

现在常用的显微镜

水，却惊奇地发现其中有许多活动着的小生物。这数不清的小生物有的像曲线、有的像小棍、有的长着毛、有的有小尾巴……它们仿佛鱼儿往来穿梭不停，波浪似的

关键人物

1632年，列文虎克出生在荷兰。16岁时，贫穷的生活迫使他离开学校去一家杂货铺作学徒。后来，他又成了市政府的看门人。列文虎克喜欢把闲暇时间花在他最感兴趣的两件事——读书和磨制镜片上。这使得他在很早的时候就学会了琢磨玻璃、制造透镜的技术，1675年，列文虎克终于制成了一台显微镜，正是这台简单的显微镜，使人类第一次看到了神奇的微观生物世界。

理化篇

17世纪末英国制造的复式显微镜

1665年，英国科学家罗伯特·胡克发明的一台显微镜。

在扭动、舞蹈。这便是人类第一次见到的微生物世界。

通过列文虎克的不断改进，人们得到了观测效果更理想的光学显微镜，然而到了20世纪20年代，光学显微镜已不能满足医学研究的需要了。1931年，德国物理学家恩斯特·鲁斯卡通过研制电子显微镜，使生物学发生了一场革命。他发现当电子束通过一个磁场时，就会像光通过透镜一样将物体放大。而且电子有比光更短的波长，能提供更大的放大倍数。鲁斯卡和同伴诺尔开始用电子束和聚焦线圈进行实验，来研究磁场线圈对电子束的效应理论。实验开始于1928年，到1933年底，鲁斯卡终于制造出了一台超级显微镜，放大倍数高达12 000倍，已经远远超过了光学显微镜的分辨率。

1933年年底，鲁斯卡发明出了世界上最早的电子显微镜。

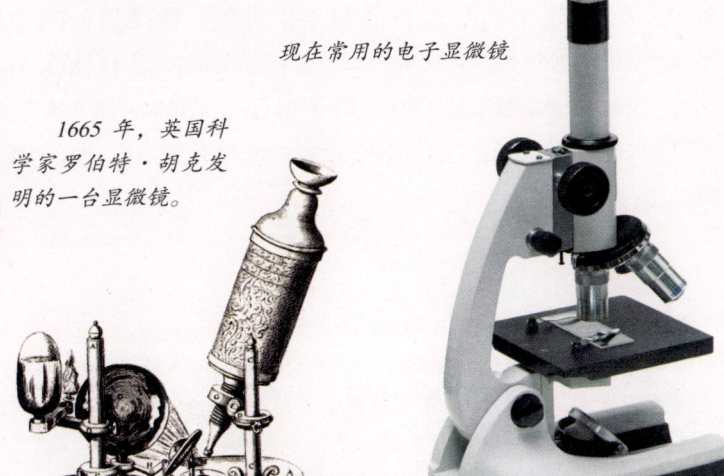

现在常用的电子显微镜

>> 更多介绍

目前，最常用的电子显微镜有两种。一种是通用式电子显微镜，是在一个高真空系统中，用电子枪发射电子束，穿过被研究的试样，经电子透镜放大，在荧光屏上显示出放大的像。另一种扫描式电子显微镜，用电子束在试样上进行逐点扫描，然后用电视原理进行放大成像，显示在电视显像管上。

电子显微镜广泛应用于金属物理学、高分子化学、微电子学、医学和工农业生产等各个领域。我国研制成的第一台电子显微镜，可以放大80万倍，它的分辨率为2埃，用它可看到病毒、单个分子以及金属材料的晶格结构等。世界上最先进的电子显微镜可放大到200万倍左右。通过它，人们可以埃地观察直径只有0.3毫微米的原子；通过它，人们可以更自信地向微观世界深处进军。

压力锅

压力锅也叫高压锅,它是居家生活中最常见、最实用的一种理想炊具,那些难以对付的顽固肉食品,经它一煮很快就可以变得香软可口。非常有趣的是,这项发明被很多人冠以"不务正业"的名号,因为它是一个年轻人无心插柳的成果。

17世纪末,法国国王亨利四世疯狂迫害新教徒。为了逃离厄运,年轻的帕平跑到瑞士避难。他沿着阿尔卑斯山艰难跋涉,一路上风餐露宿,渴了找点儿山泉喝,饿了煮点儿土豆吃。

有一天,帕平走到一座山峰附近,他觉得饿了,于是找了一些干树枝,架起篝火,煮起土豆来。水一直滚滚开着,土豆在里面煮了很久却依然煮不熟。为了填饱肚子,他无可奈何地把没煮熟的土豆硬吃了下去。这个偶然的事件留给他深刻的印象。

在国内时,帕平曾进行过蒸汽发动机、蒸汽锅炉方面的研究,在异国他乡的大环境中,他仍然没有放弃自己的研究,正因为如此,才引发了他对压力锅的发明。

几年后,帕平的生活有了转机,他来到英国一家科研单位工作。阿尔卑斯山上的往事令他记忆犹新,他决心寻找到其中的秘密。帕平找来许多参考书,测算了山的高度。一连串的问题在他脑子里翻滚:物理学上的什么定律能够解释这个现象?大气压与水的沸点有什么关系?经过深入的研究,帕平终于有了合理的解释:大气压与水的沸点之间为正比例关系,大气压高时,水的沸

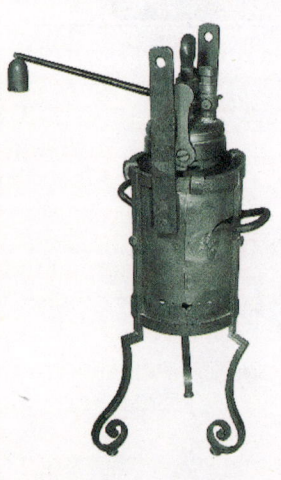

帕平造出了世界上第一只压力锅——"帕平锅"

关键人物

丹尼·帕平(1647~1714),法国物理学家兼机械师。帕平年轻时曾学习医学,并于1669年获得医学学位。但让他一举成名的是压力锅的发明,1680年,帕平赢得了英国皇家学会的会员资格。以后,帕平再也没有返回法国,他先在意大利住了几年,然后去了德国。1698年,他在德国制造了一台蒸汽机。

点也高；大气压低时，水的沸点也低。高山上的大气稀薄，气压低，水的沸点也低，虽然水开了，但热力不足，所以土豆很长时间也煮不熟。

在此基础上，他进一步联想到：如果用人工的办法让气压加大，水的沸点就不会像在平地上只是 100 摄氏度，而是会更高些，煮东西所花的时间或许会更少。为了提高气压，缩短烹煮时间，帕平自己动手做了一个密闭容器，里面装了一些水，他想用外面不断加热的方法，让容器内的水蒸气不断增加，又不会散失，以达到使容器内的气压增大、水的沸点增高的目的。可是，当他睁大眼睛盯着加热容器的时候，容器内发出咚咚的声响。帕平吓坏了，只好暂时停止试验。

两年后，帕平按自己的新想法绘制了一张密闭锅图纸，请技师帮着制作。另外，帕平又在锅体和锅盖之间加了一个橡皮垫，锅盖上方钻了个孔，通过改造，锅边漏气和锅内发声的问题就得到了彻底的解决。帕平把土豆放入锅内，点火，冒气，10 多分钟之后，土豆就煮烂了。

然而，他并不满足，又先后煮鸡、煮排骨等肉质食品，在这些成功的试验的基础上，1681 年，帕平造出了世界上第一只压力锅——当时叫做"帕平锅"。他邀请英国皇家学会的会员们前来参加午餐会，实际上是对压力锅进行鉴定。厨师当着众多科学家的面，把 9 只活蹦乱跳的鸡宰了，塞进压力锅里，然后架到火炉上。那些高傲、挑剔的专家们一杯茶还没有喝完，一盘盘热气腾腾、香味扑鼻的清蒸鸡上桌了。不仅鸡肉全烂熟了，而且连鸡骨头也软了。事实折服了在场的所有人。从此，帕平的压力锅就名扬四方了。

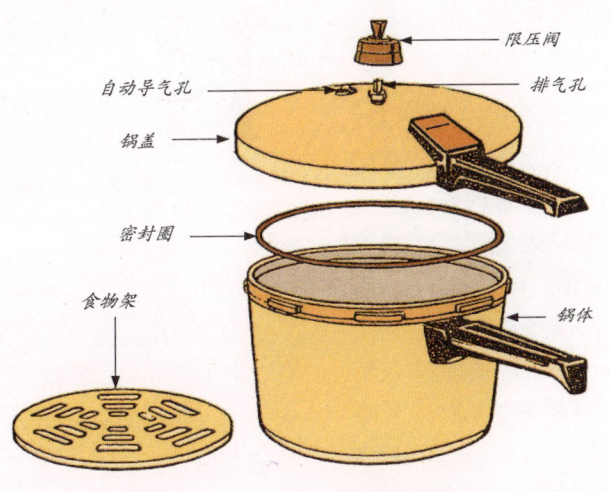

压力锅结构示意图

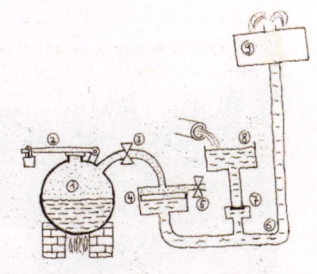

帕平设计的压力锅草图

>> 更多介绍

20世纪70年代和80年代，生产压力锅的材料主要为纯铝，进入 90 年代，铝合金逐渐代替了纯铝，如今，不锈钢压力锅越来越受到人们的青睐。经过几次大的技术改进，压力锅产品无论是在外观质量上，还是在各种安全性能方面均得到了较大的改进：弹簧式安全阀已经取代了传统的易熔片式安全阀，增加了开、合盖装置，从结构上杜绝了因误操作引起的爆炸和烫伤事件，鼓型压力锅造型别致，吸热更充分，重心更稳，更具安全保证。

科学史上的伟大发明

化肥

千百年来，不论是欧洲还是亚洲，人们都把粪便当作主要的肥料，以增加土壤的肥力，生产更多的粮食。随着社会文明的不断发展，人口增长加剧，粮食供应就成为整个社会面临的一大难题。160多年前，德国化学家李比希的研究成果为化肥的诞生提供了理论基础，成为化肥史上一个新的开端。

自幼酷爱化学的李比希在15岁时便离开了学校。18岁那年，他终于认识到，要想成为一名化学家，就必须有扎实的知识基础，这才进入了大学学习化学。

在埃尔兰根大学获得博士学位后，李比希回到家乡，并在一所大学教书。在那里，他开创性地建立了学生普通实验室，并以极大的热情投入到了有机化学这个新领域中。

李比希任教的学校紧挨着的一大片农田逐年减产，农民们便找到李比希，希望他能研制出一种东西，可以给土地增加营养。在翻阅了大量的资料后，李比希发现东方古老的中国、印度等地的农民为了使庄稼丰收，不断地给土地施用人畜粪便。李比希猜想，粪便中可能含有使土壤肥沃的成分，使庄稼吸收到生长所需的物质。有没有一种东西具有粪便的功能，使庄稼增产呢？

"耕地到底缺乏什么？"李比希为了找到答案，开始在自己的实验室中工作。他发现氮、氢、氧这3种元素是植物生长不可缺少的物质，而且钾、石灰、磷等物质对植物的生长发育有一定的促进作用。在做了大量的实验后，李比希开始把研制出含有无机盐和矿物质的人工合成肥料作为自己的目标。

1840年的一天，李比希研制出了世界上第一批钾肥和磷肥。他小心地将这洁白的无机化肥施在试验田里，可是，一场大雨却将化肥晶体渗

农用化肥

关键人物

李比希（1803~1873），德国著名化学家。生于德国的达姆斯塔特。他父亲是一个经营无机盐和颜料的商人，他在闲暇时就用这些东西搞化学实验，所以李比希从小就被领进了化学领域。为了上大学他来到了波恩，进入埃尔兰根大学并于1822年取得博士学位。

理化篇

试验田左边是没有使用化肥的，右边是使用化肥的，从中我们就可以发现化肥对农作物增产的重要作用。

入到土壤深层，而庄稼的根部却大多分布在土壤浅层。收获季节到了，庄稼没有丝毫增产的迹象。

下来的工作就是将这些化肥晶体变成难溶于水的物质。于是，李比希又开始了新的探索。这一回，李比希把钾、磷酸晶体合成为难溶于水的盐类，并且加入了少量的氨，使这种盐类成为含有氮、磷、钾3种元素的白色晶体。

这一次，他们选择在一块贫瘠的土地上进行试验。过了一段时间，农民们惊奇地发现那块被废弃的"不毛之地"竟长出了绿油油的庄稼。令人惊奇的是，这些施过白色晶体的庄稼竟然比农民们良田里的庄稼更为茁壮。

成功的消息像插上翅膀一样传开了，李比希成为农民们敬仰的人，"李比希化肥"被广泛应用于农业生产中。无论过去、现在、还是可以预见的将来，再也找不到任何一门其他工业比化肥工业更直接关系到国计民生了……

现在生产的种类繁多的化肥

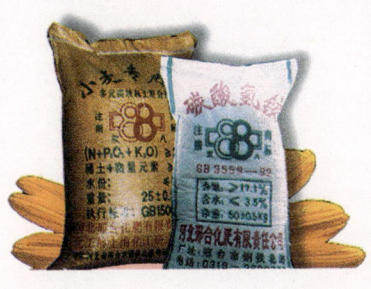

>> 更多介绍

无机化肥的使用只有短短的一段历史，但要追溯化肥的历史，还得去从古希腊传说中寻找源头。

传说用动物粪便作肥料是大力士赫克里斯首先运用的。他是众神之主宙斯的儿子，曾创造过12项奇迹，其中之一就是在一天之内把养有300头牛的牛圈打扫得干干净净。他用河水将牛圈的粪便冲到附近的土地上，后来，这里的农作物丰收，人们纷纷仿效。

把动物粪便当作肥料的作法沿用了几千年，要不是18世纪在欧洲爆发了工业革命，这种方法可能还会继续。工业革命使大批靠出卖劳动力为生的无产者来到城市。农村人口不断减少，粮食供应紧张，整个社会因此动荡不安。19世纪初，在智利的沙漠地区，发现了一个很大的硝酸纳矿。到19世纪中叶，世界上所使用的氮肥就主要来自智利的这一矿床。但是，由于天然硝石的产量极其有限，所以，当时在世界上十分珍稀。另外，从美洲到欧洲的遥远距离也是一个不利的重要原因。

19世纪后期，人们又发现，用炼焦的副产品氨为原料，可以制成硫酸铵，作为氮肥来使用。但这还是远远满足不了需要。农业上所使用的氨主要来源仍是一些有机物的副产品，比如：人畜的粪便、花生饼、豆饼、臭鱼烂虾及动物的下脚料等等。除此之外，还有极少量的氮来自于雷雨放电而形成的氮氧化物。

31

人造染料

生活中，四处可见人们穿着光鲜亮丽的服饰。古代人们也同样追求美丽的花色，并且知道如何运用大自然中的有色物质来漂染布料，但不稳定的颜色常会把人身上弄脏。于是，化学家们孜孜以求地研制人工合成染料，但"有心栽花花不开，无心插柳柳成荫"，当时只有18岁的英国化学家珀金最终成为开启这一领域的幸运者。

实验室里的染料

1853年，年仅15岁的珀金已经是英国皇家化学学院实验室的助手。当时疟疾流行，而治疗疟疾的特效药奎宁是从金鸡纳树中提取出来的，相当珍贵。珀金在老师霍夫曼的指导下，试图从煤焦油中提取奎宁。可是实验结果不尽如人意，并没有珀金所期望的奎宁产生，只是得到了一种棕红色的沉淀物。珀金并没有因此气馁，于是他决定改用另一种新的物质。出乎意料的是，改换物质的结果竟然得到了一种更为意外的黑色沉淀物。

为了弄清原因，他就用酒精来洗这种黑糊糊的东西，没想到，那些黑色物质竟溶解到酒精里，变成鲜艳夺目的紫色，珀金为这样的发现又惊又喜，他立刻意识到，自己或许发现了一种可用作染色的物质。于是，他用这种溶液将一条素白色的围巾染成了紫色，晾干后又放在热水里用肥皂搓洗，竟然没有褪色。

欣喜若狂的珀金立刻给一家纺织工厂寄去了一些样品，结果是紫色化合物的性能良好。珀金立刻于1856年8月申请了此项技术的专利。1857年，他又在哈罗附近建立了生产苯胺紫染料的工厂，成为合成染料工业

珀金合成的染料

关键人物

珀金于1838年3月12日出生在伦敦。他从小就对化学充满了兴趣。14岁那年，珀金以优异的成绩进入了皇家化学学院学习。15岁时，就以学生的身份被任命为皇家化学学院实验室助手。1856年，年仅18岁的珀金发明了紫色的碱性染料。1857年，珀金在哈罗附近建立了生产苯胺紫染料的工厂，成为合成染料工业的开拓者。

理化篇

的开拓者。

珀金发明的这种紫色的碱性染料不仅适于染毛织品,而且还可与鞣酸合用染棉织品;这种带有华贵色彩的染料不仅令太太女士们着迷,尤为重要的是,它还受到了维多利亚女王的青睐;另外,苯胺紫染料还被用在邮票的印刷上。

珀金发明的苯胺紫染料使很多有志于研制合成染料的科学家们充满了信心。在珀金这一惊人成就的鼓舞下,许多化学家都纷纷转移到合成染料的开发上来,以后人们有意识地去探求各种染料的分子结构,有意识地进行人工合成实验,人造染料纷纷问世。

1858年,霍夫曼合成了紫红色染料。

染料工业发展到今天,不仅有给纺织品染色的染料,还有专门用于生物学和医学研究用的染料,有液晶染料、激光染料、变色染料、感光染料、半导体染料等,在尖端科学和工业、农业生产中都有广泛的应用。现在,我们这个五彩缤纷的世界几乎是由人工合成的染料一统天下,天然染料则早已退出了历史舞台。

各种各样的人造染料为我们的生活增色不少

珀金发明的这种紫色的碱性染料适于染毛、棉织品,过去千百年来那种灰色单调的服装和日用品也因此而多姿多彩起来。

>> **更多介绍**

染料工业是传统的精细化学工业,产品主要用于纺织印染行业。近几年来,我国染料产量迅速增长,染料品种也得到了较大的发展。迄今为止,我国生产的染料品种已经超过了1 200种。其中经常生产的品种有600～700种,分散染料、活性染料、酸性染料的品种超过了100种。由于染料新品种的开发速度加快,国外生产的染料品种在我国也已投入了工业化生产。

如今,我国已经是世界上最大的染料出口国。1999年染料出口总量已经达到15.6万吨,其中分散染料的出口量最大。

但我国的染料工业还存在着一定的缺陷,在品种和产品质量上都与国外存在着一定的距离,所以,每年还有相当数量的染料需要进口。据统计,1999年进口染料排名前5位的分别是:活性染料、分散染料、酸性染料、碱性染料和直接染料。

33

科学史上的伟大发明

塑料

从远古的石器时代到青铜器时代,再到铁器时代,直至今天纷繁复杂的世界,材料领域的每一次重大变革都直接影响着人们的生活、工作和学习等各个方面。材料是我国21世纪三大支柱产业之一,现代工业和日常生活都离不开它,而塑料则是其中必不可少的组成部分。

最初塑料的产生是英国伯明翰的化学家亚历山大·帕克斯在暗房里实验的结果。帕克斯不仅是一位化学家,同时也是一名摄影爱好者。在照片后期制作中,常常会用到一种叫"胶棉"的溶液。1862年的一天,他在试验处理胶棉的几种方法时,试着把胶棉与樟脑混合,结果竟产生了一种可以弯曲的硬材料,帕克斯将其取名为"帕克辛",并在这一年将它带到伦敦国际博览会中去展出。后来,帕克斯用"帕克辛"制成梳子、笔、纽扣等,并设立公司生产塑料。最终因他缺少商业意识而破产,但其成果被后人借鉴,制成了最早的塑料——"赛璐珞"。

亚历山大·帕克斯

"赛璐珞"的发明最初是为了娱乐而不是为了工业生产的需求,这一点似乎颇具戏剧色彩。1868年,一家制造台球的公司抱怨象牙短缺,出资1万美元征求象牙的最好替代品。这种替代品必须满足台球有关硬度、弹性、抗热、防潮和没有纹理等方面的要求。来自美国纽约市奥尔班尼的印刷工约翰·韦斯利·海亚特看准了这个机会。他改进了帕克斯的制造工艺,于1869年用一种他称之为"赛璐珞"(意为假象牙)的物质造出了廉价的台球。

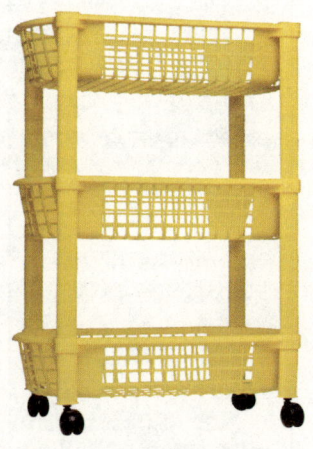

常用的塑料制品

关键人物

利奥·贝克兰(1863~1944),美国化学家,20世纪最具影响力的科学家、思想家之一,贝克兰是有史以来第一位用简单分子合成塑料的人。他的发明使人类使用的材料从单一的天然产物,进入到广泛使用合成高分子材料的新时代。

"赛璐珞"是第一种用化学方法制成的塑料。海亚特从台球制造商那里得到了一个现成的市场，后来，他又用"赛璐珞"制成各种日用产品：假牙、刀柄、镜框等。也正是用"赛璐珞"，人们造出了第一种实用的照相底片，后来"赛璐珞"塑料几乎成为电影工业的同义词。

但是早期的塑料容易着火，这大大限制了用它制造产品的范围。而第一个真正意义上的塑料——全合成塑料是在1909年由利奥·贝克兰用苯酚和甲醛制成的酚醛塑料，这是一种性能良好的耐高温的塑料。

1904年，美国的化学家利奥·贝克兰开始研制能代替天然树脂的绝缘漆。通过对苯酚与甲醛之间反应的深入研究，贝克兰终于在1907年的夏天有了新的发现——在一定的条件下，这种反应会生成一种不溶不熔的树脂，在其中加入木粉后，继续在高压下加热，变得柔软可塑，而且在变硬后，模塑的形状就被永远地保留下来了；而当树脂变硬后将其研制成粉末，装入模子后，再通过加热加压就可以使之重新合为一体。此外，这种树脂还有一个特点，就是一般不受周围环境影响。1909年，贝克兰对这种热固性材料——酚醛树脂申请了专利。

酚醛树脂问世后，人们发现它不但可以制造多种电绝缘品，还能制造日用品，爱迪生用它来制造唱片，并在广告中宣称：已经用Bakelite制出上千种产品。于是，一时间人们把贝克兰的发明誉为20世纪的"炼金术"。他也因这项意义深远的发明被称为"现代塑料工业的奠基人"。

塑料制品

贝克兰用于制造酚醛塑料使用的蒸汽加热蒸馏器

>> 更多介绍

以煤焦油为原料的酚醛树脂，在1940年以前一直居各种合成树脂产量之首，每年达20多万吨，但此后随着石油化工的发展，聚合型的合成树脂如：聚乙烯、聚丙烯、聚氯乙烯以及聚苯乙烯的产量也不断扩大，随着众多年产量在10万吨以上大型工厂的建立，它们已成为当今产量最多的四类合成树脂。合成树脂再加上添加剂，通过各种成型方法即得到塑料制品，到今天塑料的品种有几十种，世界年产量在1.2亿吨左右，我国也在500万吨以上，它们已经成为生产、生活及国防建设的基础材料。

以塑料为原料制成的玩具和生活用品

科学史上的伟大发明

真空三极管

真空三极管在电子工业中占有非常重要的地位和实用价值，有人将之称为"无线电的心脏"。这种比喻毫不夸张，因为真空三极管可以通过级联使放大倍数大大提高，它的发现促成了无线通信技术的迅速发展，真正标志着人类科技史进入了一个新的时代——电子时代。

德弗雷斯特读大学时参观了在芝加哥举行的世界博览会，博览会上那绚烂的灯光让他着迷，德弗雷斯特由此发现了电学的魅力，他决心把电学作为自己的终生奋斗目标。从此，德弗雷斯特如饥似渴地学习电学知识。

有一次，他在一本杂志上读到介绍无线电收发报机发明人——马可尼的文章。德弗雷斯特很佩服马可尼，梦想着拜马可尼为师。机会很快就来了，1899年，马可尼来到美国，他要用自己的无线电装置报道国际快艇比赛的实况。马可尼在成功地报道比赛盛况之后，在美国的一艘军舰上做了无线电通讯表演。

表演结束后，德弗雷斯特抓住机会向马可尼作了自我介绍。马可尼从谈话中知道德弗雷斯特的电学基础不错，并且很有创造思想，便指着发报机里的小玻璃管对他说："要进一步增大通讯距离，必须改进金属检波器。我现在还没有想出好办法，希望你能在这方面作出贡献！"

马可尼的话对德弗雷斯特的启发很大，他为自己确定了一个研究方向。为了一心一意地做好这个课题，他辞去了原来的工作，从旧货摊上买来电瓶、电键、线圈等装置和元件，开始做实验。由于德弗雷斯特原本家境就不富裕，再加上辞去工作，因此，生活变得十分贫寒。为了维持生活，他给富家子弟补习功课，到餐厅去洗盘子……尽管艰苦，但这些

现在常用的真空三极管

关键人物

德弗雷斯特（1873～1961），美国科学家。他幼年时的理想是作个机械技师。但很快被19世纪末科技的飞速发展所激励，科学研究成了他一生的奋斗目标。1899年，他获得了耶鲁大学物理学哲学博士学位。1906年，德弗雷斯特因发明了真空三极管而被称为"电子管之父"。

都没能动摇德弗雷斯特的信心和决心。

1904年的一天，德弗雷斯特正在实验室里做真空管检波试验。忽然，一位朋友气喘吁吁地跑来，告诉德弗雷斯特英国的弗莱明博士发明了真空二极管的消息。对德弗雷斯特来说，这仿佛是一个晴天霹雳，经过短暂的犹豫和思想斗争，德弗雷斯特果断而坚定地选择了继续。

弗莱明1904年用爱迪生效应发明的真空二极管

于是，德弗雷斯特又一头扎进了研究工作中。他请一位技师制作了几个真空管，接着，对真空管的性能进行检测，以寻找进一步提高的方法。

幸运总会垂青有毅力的人。一天，德弗雷斯特为了试试屏极距阴极远近对检波的影响。在真空二极管的灯丝和屏极之间封进了第三个电极，即一片不大的锡箔。他惊奇地发现：在第三极上施加一个不大的电信号，就会使屏极电流产生相应变化。第三极对屏极电流具有控制作用！这也正是德弗雷斯特长久以来梦寐以求的信号放大作用！

这一发现让德弗雷斯特备受鼓舞，但他很快从兴奋中冷静下来。为了验证准确，他又重复做了几遍实验，结果证实这种物理效果确实存在。德弗雷斯特还发现，用金属丝代替小锡箔，效果更好。于是，他把一根白金丝制成网状，封装在灯丝和屏极之间。就这样，世界上的第一个真空三极管诞生了！

真空三极管

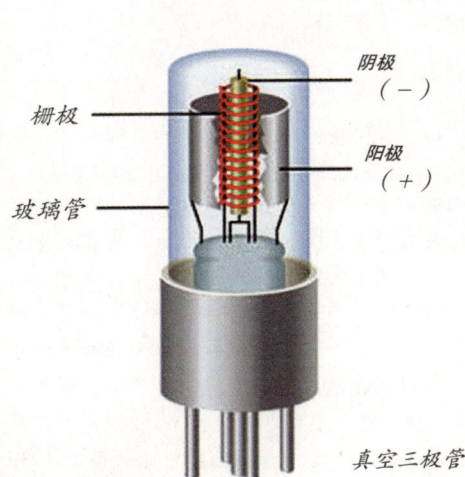

真空三极管示意图

1906年6月26日，德弗雷斯特发明的真空三极管获得美国专利。后来，人们把这一天当作真空三极管的诞生日。

>> **更多介绍**

德弗雷斯特发明的真空三极管一开始并不被人们所承认，他曾因宣传真空三极管的作用被人控告成"公开行骗"，并因此而上了法庭。

据说，为了让人了解真空三极管的"魔力"，德弗雷斯特用真空三极管把信号放大，让人们倾听苍蝇在纸上走动的脚步声。参加试验的人赞叹不已，他们称"苍蝇的脚步声很像步兵穿着军靴时操练的声音"。至此，真空三极管的"不可思议"被广为接受。

加速器

科学家在探究原子核的结构时,采用了高速运动的亚原子粒子(电子、质子或其他原子的核)去轰击原子核。早在1906年,卢瑟福就利用放射性物质释放的高速α粒子来轰击物质。但使用天然产生的α粒子作为轰击物,有很大局限性,所以物理学家们开始尝试设计粒子加速器来提高轰击原子核的效率。

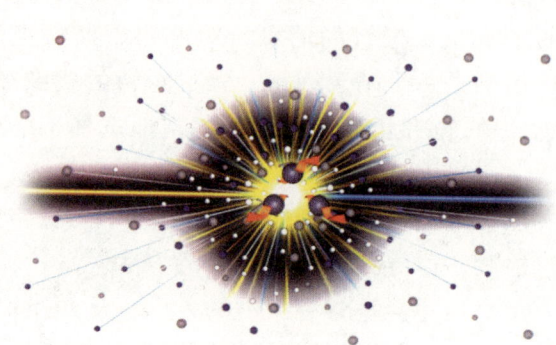

为弄清物体成分,我们通常会把它打碎,再研究其碎片。在研究原子核构造时,物理学家也采用同样的方法——把原子核击碎。他们用亚原子粒子作"炮弹",而粒子加速器正是射出这些"炮弹"的"炮筒"。

1930年,第一台实用的粒子加速器由英国物理学家考克拉夫特爵士和爱尔兰物理学家瓦耳顿在剑桥大学制成。这台装置叫做静电加速器,能产生数十万伏特的电压,从而使质子得到足够高的能量和极高的速度。1932年,他们利用这台加速器使质子撞击锂原子。当加速后的质子击入锂原子后,产生的结合体(四个质子和四个中子)很不稳定,分裂成两个α粒子。α粒子与氦原子核

考克拉夫特爵士和瓦耳顿在剑桥大学制造的静电加速器

关键人物

物理学家欧内斯特·O·劳伦斯,1901年出生在美国北达科他州。1917年,年仅16岁的他就完成中学学业。1922年大学毕业后,劳伦斯成为明尼苏达大学研究院的学生。之后他跟随斯旺教授到芝加哥大学。在那里,他接触到迈克尔逊、康普顿和玻尔等著名物理学家。

1925~1927年,劳伦斯博士在耶鲁大学任研究员,开始了他的科学家生涯。经过刻苦攻关,1932年,劳伦斯就发明和制造了回旋加速器,并用其产生人工放射性元素。此项发明开辟了量子力学发展的新阶段,为高能物理的研究提供了有力的实验工具,找到了打开粒子物理世界的一把钥匙,意义十分重大。劳伦斯为此获得了1939年诺贝尔物理学奖。

相同，结果化学元素锂变成了另一种化学元素氦。

静电加速器由于采用了很高的电压，它的发展因此受到了高压绝缘的限制。于是，利用较低的电压来加速粒子成为科学家们新的研究课题。

1930年，美国物理学家劳伦斯建成了一台回旋加速器，它利用一块磁铁使质子沿着越来越大的圆周轨道运动，每经过一圈都得到一些能量，直到最后越出磁铁的作用范围，质子就以最大的能量沿着直线射到仪器之外。

劳伦斯和他的同事们在回旋加速器前

开始时，劳伦斯的加速器结构简陋，真空室直径只有10.2厘米。随后他又制作了可以实用的回旋加速器，用黄铜和封蜡作为真空室，直径11.4厘米，加上不到1千伏的电压，就可将质子加速到8万电子伏特。此后，劳伦斯继续改进加速器，到1936年，他改制成94厘米的回旋加速器，使质子的能量增加到6兆电子伏特。

由于实验的要求，科学家开始更加深入地去研究新的回旋加速器。1946年，同步回旋加速器在加利福尼亚大学研制成功，它的周长达数十千米。将粒子加速至光速的99.999%倍，相当于每小时92亿5千万千米。目前，加速器已经和原子核物理学紧紧结合在一起，新型的回旋加速器也被造得越来越大，用以发现和研究更多的粒子。

>> **更多介绍**

加速器是用人工方法把带电粒子加速到较高能量的装置。利用这种装置可以产生各种能量的电子、质子、氘核、α粒子以及其他一些重离子。利用这些直接被加速的带电粒子与物质相作用，还可以产生多种带电的和不带电的次级粒子，像γ粒子、中子及多种介子、超子、反粒子等。

目前世界上的加速器大多是能量在100兆电子伏以下的低能加速器，其中除一小部分用于原子核和核工程研究方面外，大部用于其他方面，像化学、放射生物学、放射医学、固体物理等的基础研究以及工业照相、疾病的诊断和治疗、农产品及其他食品的辐射处理、模拟宇宙辐射和模拟核爆炸等。

1931年，美国物理学家范德格拉夫发明了一台高压静电发生器，它可以作为粒子加速器来提高质量。

侯氏制碱法

自然界中存在着天然纯碱，出产天然纯碱的地方都是干旱少雨的地区。盐湖中的天然纯碱在气候干燥和气温下降时便结晶出来，把结晶溶解在水中，除去泥沙，再经过熬制，就得到纯碱。古埃及人很早就把从干涸的湖泊中得到的纯碱用作清洁剂和防腐剂。后来，欧洲人用纯碱制造玻璃，把纯碱叫做"苏打"。但纯碱的制造方法一直被英、法、美等国作为一项保密技术，其他国家根本无从获知。中国人侯德榜经过潜心钻研，不仅摸索出了欧洲国家制碱法的奥秘，而且还在1943年创立了"侯氏联合制碱法"。至此，少数几个欧洲国家垄断制碱业的时代一去不复返了。

随着工业的发展，天然纯碱越来越不够用，于是出现了工业制碱。后来，英国卜内门公司建立了大规模生产纯碱的工厂，其生产方法采用的是比利时人索尔维创制的"索尔维制碱法"。除技术保密外，在销售上也有限制，他们采取分区售货的方法，例如中国市场就由英国卜内门公司独占。多少年来，许多国家的厂商想要探索此法的奥秘，无不以失败而告终。

然而，中国的化学家侯德榜深信，制碱技术绝不是洋人的私有财产，凭借中国人的聪明才智，一定能打破外国的技术垄断。为此，他还写下了座右铭："勤能补拙，勤俭立业。"

1921年10月，侯德榜留学回国后，出任范旭东创办的永利碱业公司的总工程师。他精通业务、知识广

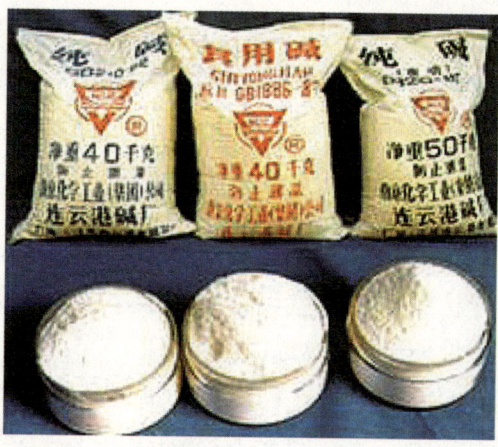

制成的工业用碱

关键人物

侯德榜，1890年8月9日生于福建闽侯农村。少年时，他学习是出了名的刻苦，哪怕是伏在水车上双脚不停地踏水车，手上仍能捧着书本认真研读。后来，他在姑母的资助下，只身来到福州英华书院和闽皖路矿学堂求学。毕业后，他曾在津浦铁路符离集车站作过工程实习生。工作之余，他抓紧时间学习，1911年考入清华留美预备学校。经过3年的努力，侯德榜以10门功课1 000分的优异成绩被保送到美国留学。8年中，他先后在麻省理工学院、柏拉图学院、哥伦比亚大学攻读化学工程，1921年，他取得博士学位。侯德榜对制碱法的研究，为中国制碱业的发展做出了卓绝的贡献。

博，在他的带领下，技师、工人们团结一心，为建成中国自己的碱厂而奋战。经过近10年的努力，侯德榜终于摸索出了索尔维制碱法的奥秘。为了支持我国的化学事业，范旭东支持侯德榜把其中的奥秘无偿地公之于世，使工业落后的国家不再仰仗技术大国的鼻息，不再听从大国的摆布。

1876年，在巴黎举办的国际博览会上，比利时人索尔维因提供的纯碱展品质地纯净而获得铜质奖章。

侯德榜撰写的《纯碱制造》一书于1933年出版，该书刚一问世就轰动了整个科学界，被誉为"首创的制碱名著"，它使很多不发达的国家掌握了制碱技术。后来，侯德榜还亲自到印度和巴西，帮助建设碱厂。这不但是中国科学家对人类的一大贡献，也反映了侯德榜不求名利，一心为人民服务的高尚品德。

经过进一步的研究调查，侯德榜决定改进索尔维法，开创制碱的新路。他仔细揣摩了索尔维法的制造过程，认为这种方法的主要缺点在于：两种原料反应时只利用了一半，即食盐中的钠离子和石灰中的碳酸根结合成纯碱，食盐中的氯和石灰中的钙结合成了氯化钙，却没有实际用途。

针对以上生产中不可克服的种种缺陷，侯德榜创造性地设计了联合制碱新工艺。这个新工艺是把氨厂和碱厂建在一起，联合生产，由氨厂提供碱厂需要的氨和二氧化碳。母液里的氯化铵用加入食盐的办法使它结晶出来，作为化工产品或化肥，食盐溶液则可以循环使用。

1941～1943年抗日战争时期，环境相当艰苦，但为了实现这一设计，侯德榜仍兢兢业业地工作。他在经过500多次循环试验，分析了2 000多个样品后，才把具体工艺流程定下来。新工艺不仅使食盐利用率从70%提高到96%，而且使原来无用的氯化钙转化成化肥氯化铵，解决了氯化钙占地毁田、污染环境的难题。侯德榜制碱新方法把世界制碱技术水平推向了一个新高度，赢得了国际化工界的极高评价。1943年，中国化学工程师学会一致同意将这一新的联合制碱法命名为侯氏联合制碱法。

>> 更多介绍

在工业上纯碱用途极为广泛，而在古代人们虽曾先后学会了从草木灰提取碳酸钾和从盐碱地及盐湖等天然资源中获得碳酸钠，但是这远远不能够满足工业生产的需要。

在1791年和1862年，法国医生路布兰和比利时人索尔维先后开创了以食盐为原料制取碳酸钠的"路布兰制碱法"和以食盐、氨、二氧化碳为原料制取碳酸钠的"索尔维制碱法"（又称"氨碱法"）。"索尔维法"以其能够连续生产、食盐利用率高（70%左右）、产品质量纯净且生产成本低廉等优点，逐步取代了"路布兰法"，致使纯碱价格大大下降。英、美、德、法相继建立制造纯碱的工厂，并发起组织索尔维工会，对会员国以外的国家实行技术封锁。

科学史上的伟大发明

尼龙

20世纪30年代,尼龙袜子的广告铺天盖地,整个世界都在念叨着:"比蜘蛛丝还细、比钢铁还结实。"尼龙的发明引起了全世界短裙的流行,很多年轻人的口袋里就揣着一双尼龙质地的袜子,准备送给自己的恋人。

在尼龙未被发明出来的世界里,衣服只有两种质地:一种是丝做的,一种是棉做的。虽然两种不同质地的服装面料将人们的身份区别开来,但人们依赖大自然恩赐的事实却从来没有改变过。大自然的恩赐必定有限,谁也不希望将自己所有的时间都用在纺线织布上,人们渴望有一种新的面料能够出现,用来代替天然的丝和棉,历史的契机给了卡罗瑟斯。

20世纪初,在企业界搞基础科学的研究还被认为是一项不可思议的事情。1926年,杜邦公司董事长斯蒂恩出于对基础科学的兴趣,建议公司开展有关发现新的科学事实的基础研究。

尼龙的发明者卡罗瑟斯,于1896年4月27日出生在美国的柏灵顿。1914年,他中学毕业后,来到了得梅因商学院学习会计,他对这一专业并不感兴趣,倒是对化学等自然科学情有独钟。鉴于此,一年后他转入了一所规模较小的学院学习化学。1921年,他在伊利诺伊大学取得硕士学位。1924年,他又获得该校的博士学位。获得博士学位的卡罗瑟斯1926年开始到哈佛大学教授有机化学。但性格内向的他并不适合从事教学。1927年,杜邦公司决定每年支付25万美元作为研究费用,并开始聘请化学研究人员。第二年,杜邦公

尼龙做的刷子

尼龙做的帽子

关键人物

卡罗瑟斯,1896年4月27日出生在美国的柏灵顿。1924年,他获得伊利诺伊大学的化学博士学位,1926年,卡罗瑟斯到哈佛大学教授有机化学。但性格内向的他并不适合从事教学,1928年,卡罗瑟斯接受杜邦公司的聘请,在那里搞基础科学研究,尼龙正是他的研究成果。

司便在特拉华州威尔明顿的总部所在地成立了基础化学研究所，年仅32岁的卡罗瑟斯博士受聘担任该机构有机化学部的负责人。

卡罗瑟斯来到杜邦公司的时候，正值国际上对德国有机化学家斯陶丁格提出的高分子理论展开激烈争论的时候。卡罗瑟斯赞扬并支持斯陶丁格的观点，他决心通过实验证实这一理论的正确性。因此，一到杜邦公司，卡罗瑟斯就把对高分子的探索作为有机化学部的主要研究方向。

1931年，卡罗瑟斯和他的研究小组发现，当某种物质的分子聚合度大于一定数值后，它可以纺成丝，冷却后可得到有一定韧性的可以拉长好几倍的纤维状细丝，这种发现启迪了卡罗瑟斯的思路：纤维丝可不可以替代蚕丝等天然纤维来纺织呢？经过努力，在1933～1934年，卡罗瑟斯和他的助手们，合成了上百种尼龙纤维。1935年，他们终于发明了一种柔韧性能好、抗拉强度高的合成纤维，这就是被命名为尼龙—66的产品。

20世纪40年代初，杜邦公司用30英尺高的大腿模型套上尼龙袜来宣传这一神奇的产品。

尼龙丝袜的魅力经久不衰，时尚、性感，备受现代女性的青睐。

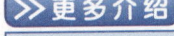 **更多介绍**

由于尼龙—66是利用易从空气、水、煤或石油中提炼的化学元素碳、氢、氮、氧来合成的，所以它的生产成本比较低。为了把尼龙变成产品，杜邦公司投入了大量的人力、物力，花费了2700万美元和230名化学家及工程师的心血后，世界上第一种尼龙制品——长筒女袜于1940年问世了。

当时杜邦公司用9米高的大腿模型套上尼龙袜来推广它。尼龙制成的袜子颜色亮丽，又结实而且有弹性，一上市就受到了女消费者的青睐。尼龙袜子的风行还带来了短裙的流行，年轻女性们更愿意让她们美丽的腿露出更多。此后，尼龙热潮席卷了全球，其他以尼龙为原料的产品层出不穷，降落伞、热气球、内衣……

晶体管

1948 年 6 月的一天，在美国贝尔实验室外的一个房间里，一架样式很普通的收音机正在播放轻柔的音乐，许多参观者在驻足观看。为什么大家都对这台收音机情有独钟呢？原来这是世界上第一架不用电子管，而代之以一种新的固体元件——晶体管的收音机。美国《纽约先驱论坛报》在报道中写道："这一器件还在实验阶段，工程师们都认为它在电子工业中的革新是有限的。"事实上，晶体管发明以后，在很短的时间里，便在电子领域完成了一场真正的革命。小到人们日常生活中的助听器、收音机、录音机和电视机，大到实验室仪器、工业生产及国防设备、计算机、机器人、宇宙飞船等都离不开晶体管。毫不夸张地说，晶体管奠定了现代电子技术的基础。

在晶体管发明之前，电子管器件历时 40 余年，一直在电子技术领域占统治地位。但不可否认的是，电子管十分笨重，存在耗能大、寿命短、噪声大、制造工艺复杂等缺点。因此，人们一直在努力寻找新的电子器件来替代它。

19 世纪末，人们发现了一种新材料——半导体，但直到第二次世界大战爆发后，半导体器件微波矿石检波器在军事上发挥了重要作用，半导体这才引起了人们的关注。许多科学家纷纷投入到半导体的深入研究中。经过紧张的研究工作，三位美国物理学家肖克利、巴丁、布拉顿捷足先登，合作发明了晶体管——一种三个支点的半导体固体元件。它的发明开创了固体电子技术时代。他们三人也因而共同获得了 1956 年的诺贝尔物理学奖。

最初，他们采用肖克利提出的场效应概念来研究晶体管。他们仿照真空三极管的原理，试图用外电场控制半导体内的电子运动。但实验屡屡失败。经过无数个不眠夜的苦苦思索，巴丁又提出了表面态理论。这一理论认为表面现象可以引起信号放大效应。表面态概念的引入，使人们对半导体的结构和性质的认识前进了一大步。布拉顿等人在实验中发现，当把样品和参考电极放在电解液里时，半导体表面内部的电荷层和电势发生了改变，这正是肖克利预言过的场效应。

这个发现使大家十分振奋，他们加快研究步伐。谁知，继续实验时却发生了与以前截然不同

威廉·肖克利（坐者）、沃尔特·布拉顿（右）、约翰·巴丁（左）正在贝尔实验室中工作。

集成电路

的效应。新情况把他们的思路打断了，渐趋明朗的形势又变得扑朔迷离。

然而，肖克利小组并没有畏缩、泄气，他们团结一致，紧紧循着茫茫迷雾中的一丝光亮。经过多次分析、计算和实验，1947年12月23日，他们终于得到了盼望已久的"宝贝"。这一天，巴丁和布拉顿把两根触丝放在锗半导体晶片表面上，当两根触丝靠近时，放大作用发生了。世界上第一只固体放大器——晶体管也随之而诞生。

尽管最初的晶体管原始且笨拙，但它在当时却是一个举世震惊的突破。晶体管的发明，终于使体积大、耗能多、易碎的真空管有了替代物。同真空管相同的是，晶体管能放大微弱的电子信号；不同的是它廉价、耐久、耗能少，而且在科技高速发展的今天它几乎能够被制成无限小。

1999年9月，法国原子能委员会的科学家研制出当今世界上最小的晶体管，这种晶体管直径仅为20纳米。如果将这种晶体管放进一片普通集成电路中，就好像一根头发丝被放在足球场的中央一样。

如今，小小的晶体管正在我们生活中的各个领域发挥着它不可忽视的作用。

1950年，人们成功地制造出了第一个PNP结构晶体管。

>> **更多介绍**

晶体管诞生后，首先在电话设备和助听器中使用。逐渐地，它在任何有插座或电池的东西中都能发挥作用了。将微型晶体管蚀刻在硅片上制成集成电路，在20世纪50年代发展起来后，以芯片为主的电脑很快就进入了人们的办公室和家庭。在晶体管技术基础上迅速发展起来的集成电路，为人们带来了微电子技术的迅猛发展。微电子技术的不断进步，又极大地降低了晶体管的成本。1960年，生产1只晶体管需10美元，而今天，1只嵌入集成电路的晶体管成本还不到1美分。低廉的生产成本使晶体管的应用变得更为广泛了。

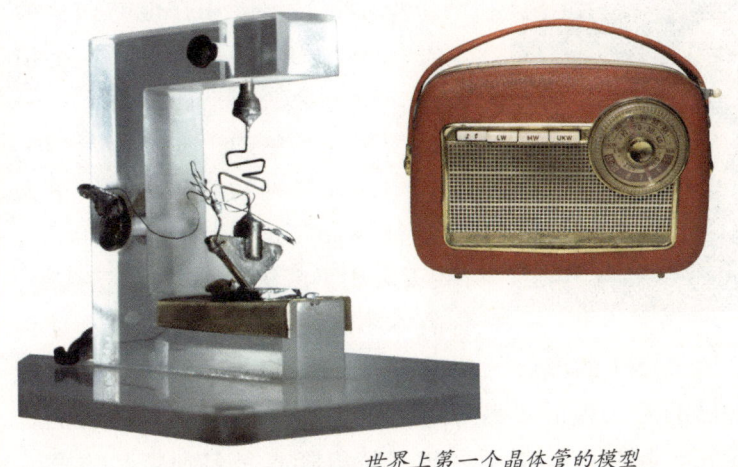

世界上第一个晶体管的模型

特氟隆

当你用普通的锅煎鱼、煎蛋时，很容易出现食品被锅底粘住的现象。而选用不粘锅烹饪时，就不会出现这种情况。原来，它的神秘之处就在于其内侧表面，涂了一层特别的高分子材料——特氟隆。今天，许多家庭都用上了不粘锅，用这种锅煎鱼、煎蛋，可以使鱼皮、蛋皮完整光滑，烧饭也不会粘锅底。另外，这种锅清洗起来也十分方便。这种新巧的发明颇受家庭主妇和厨师们的欢迎，它为人们减轻了繁重而又单调的家务劳动，大大改善了人们的生活条件。

特氟隆制的平底锅

1938年，美国杜邦公司的化学家罗伊·普伦基特博士正在开发一种新型制冷剂——四氟乙烯，这是一种无毒、不会燃烧的气体。平时，普伦基特总是在试验结束时将气瓶放入冰箱，可是，有一次他遗忘了一只气瓶，这只气瓶就这么在实验室的桌上放了几天。后来，气瓶里的气体聚合成固态，经研究这是一种被称为塑料王的碳氟树脂——聚四氟乙烯，也就是人们常说的特氟隆。

特氟隆的化学性能十分稳定，与大多数高分子材料一样具有耐酸性、耐腐蚀性等特点，另外，它还有耐热性、防水性等独特的性质，特氟隆的这些性能决定了它一旦形成表面膜之后，表面光滑、摩擦力小。起先，人们用它涂在枪筒内作为减少子弹摩擦用的"固体润滑剂"。而特氟隆能够与锅联系起来要归功于法国的格雷瓜尔夫妇。

越来越多的家庭选择使用不粘锅烹饪

1955年，法国工程师马克·格雷瓜尔将特氟隆用在他的钓鱼线上，这样，钓鱼线特别滑溜，不粘水草，也不会绕成一团分不开。一次，当格雷瓜尔向正在煎鸡蛋的夫人炫耀他那特别的钓鱼线时，正为鸡蛋粘锅而不耐烦的妻子发火了："我天天用平底锅煎鸡蛋，老是粘锅，你有本事解决吗？"

妻子的埋怨触动了格雷瓜尔。于是，格雷瓜尔把自己的想法告诉了另外一名工程师，接着俩人开始了研究。起初试验很不理想，特氟隆真是名副其实的"不粘"，它在-260～330℃之间，不受化学品、水分、阳光或热力的影响，完全没有粘性，甚至连口香糖也粘不上。但是，格雷瓜尔并不气馁，经过几年的潜心研究，做了成千上万次的试验后，他终于掌握了最佳的配方、温度和操作工艺，成功地将特氟隆材料涂在锅底上，制造出了家庭用的平底不粘锅。

涂上特氟隆的不粘锅不仅美观，而且传热均匀，更主要的是，它耐酸碱，烧好的菜长期放在锅中都不会对它产生丝毫腐蚀。格雷瓜尔在制成不粘锅后不久就成立了名为"泰法尔"的特氟隆食品公司。

特氟隆不仅促成了不粘锅的发明，而且还开启了人们的发明思路，使特氟隆找到了其他许多用武之地。比如，人们将它涂在压面机的碾棍上，涂在做糕饼的模子里，那些碾棍、模子连一点面粉、糖浆都粘不上；有人还将它涂在钢笔尖上，吸好墨水的笔尖根本不需要拿纸去擦净，因为那上面滴水不粘。

特氟隆喷雾剂

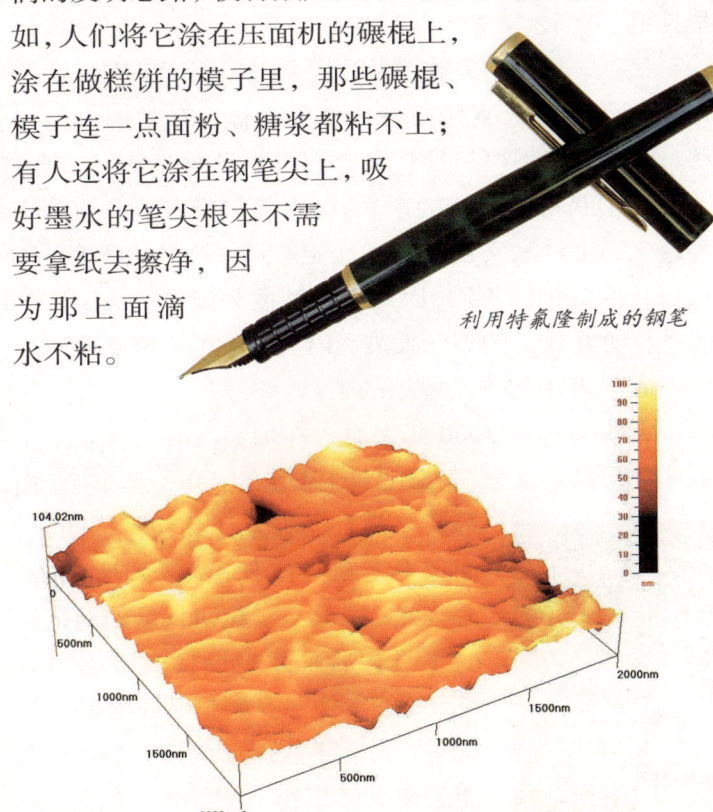

利用特氟隆制成的钢笔

特氟隆薄膜的剖面图

>>更多介绍

特氟隆这种高分子材料由碳和氟两种元素组成，氟原子与碳原子由化学键连接，紧紧包在一条长长的碳链周围，好像在碳链外面套上了一层保护层，加上碳链排列得整整齐齐，很容易结晶，形成表面膜之后，表面极其光滑。

特氟隆还具有其他许多优良的性能，如耐热性能好，加热到250℃也不会熔化；特氟隆还不吸水，有人做过试验，将它在水中浸泡一年也没有增加一点点重量。

另外，由于特氟隆具有惰性特性，与其他物质不会发生反应，所以它的这种特性被广泛应用在各个领域。在制造原子弹过程中，人们把特氟隆涂在容器上，使容器避免受到铀化合物的腐蚀，而这些铀化合物是用来做原子分裂实验用的。20世纪50年代末期，宇航工程师也开始使用特氟隆，把它制成绝缘电缆、耐热瓷砖以及宇航服的保护层。

年轻的企业家高尔尝试双向拉伸特氟隆，并得到了一种薄薄的特氟隆膜片。这种材料不但可以防水，而且还具有良好的透气性，用该材料制成的编织物日后大为风行，可以使皮肤保持干燥。

随着科学技术的不断进步，如今研究人员又用特氟隆开发出受人欢迎的医疗产品，这种材料甚至还被植入病人的皮下。特氟隆的特殊性质使它成为人工移植组织的理想材料，比如人工关节、心脏瓣膜，或者是动脉。

文字

文字是人类最辉煌的发明。人们用文字记载历史、表达思想、抒发情感，乃至创造世界。一切有形者，经这里塑造；一切无形者，在这里完成。文字具有难以言说的魔力，以至于创造它的人不得不相信它来自神的启示。

文字起源于绘画，最早的绘画文字见于旧石器时期的洞壁。这种文字中的图画是各种事物的记号，跟讲话无关，没有也不可能有词法或句法。

能读出声音是文字的一大进步。当人们在长期的实践中把某个代表实物的记号与语言中的某个发音联系起来并把这种联系固定下来的时候，真正的文字也就产生了。

迄今所知的最早文字——楔形文字，是由生活在平原南部的苏美尔人创造的。他们用一头削尖的芦苇将文字写在软泥板上。这种文字笔画一头粗一头细，形如楔子，因此被考古学家叫做"楔形文字"。它不仅可以书写苏美尔语和阿卡德语，而且能够书写其他语言，成为早期的一种较为成熟的文字体系。

刻有楔形文字的书板

最初，苏美尔人将书写符号用于农牧业记账，由简化的线条构成，直接模拟所指的物体。随着时间的推移，楔形文字不再只是代表它们所图示的对象，渐渐在上下文中获得更广泛的含义。每个符号都可能具有若干种意义，每种意义视上下文而定。同一符号的读音，随其意义的变化而不同，因此文字便成为记录口头语言的体系；随着社会的不断发展，语言系统的不断扩充，文字则成为表达和沟通思想的工具。

大约公元前3000年左右，在尼罗河畔的埃及产生了一种与楔形文字风格迥异的象形文字——圣书字。楔形文字简朴而抽象，几何特征明显，而圣书字则具有十足的绘画性，非常有诗意；楔形文字起初只是辅助记忆的工具，后来才慢慢发展成书写系统，圣书字却一开始就是成熟的书写文字，它几乎能记录全部的口语，既能表现具体事物，也能充分表达抽象概念；楔形文字是刻在泥板上的，而

尼罗河畔的埃及产生的象形文字——圣书字

48

圣书字则是刻在石碑或写在柔软的纸莎草纸上的。

大约在 3 400 年前，埃及人又演化了一种书写更为流畅的草书体，这种字体因为最早由僧侣开始使用，所以称作"僧侣体"。到公元前 650 年左右，出现了一种更为简便、有更多连带笔画的书写体——"大众体"。随着书写形式的变化，圣书字离原始字形越来越远了。

大约公元前 2 500 年，在古老的东方的黄河流域，中国人创造了自己的一套文字系统——汉字。同埃及人一样，中国人也把文字归之于神的创造。传说黄帝的史官仓颉从鸟兽的足迹中获得体悟而创立了汉字。尽管这是一段传说，但它恰恰说明了最初的汉字也是象形文字，汉字正是以象形文字为基础发展起来的。中国古代的学者归纳了祖先造字和用字的条例，得出了汉字的 6 种造字原则，即象形、指事、会意、形声、转注和假借。

古代汉字传到朝鲜、日本和越南，一度成为这些国家官方交际、学术研究与文艺创作的手段，对这些国家的文化产生了深远的影响。

现在，世界各国的文字体系之中，除了中国等少数国家仍在使用表意性的文字以外，其他大部分国家均使用字母文字。

埃及壁画上的象形文字

汉字篆书

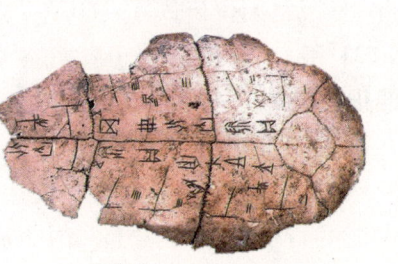

甲骨文

现代的英语字母表

>> 更多介绍

甲骨文是目前所知的中国最古老的文字，它是商代（公元前 1600～前 1046）通用的文字。那时，甲骨文已形成了一个较完整的文字体系，发展已相当成熟，共约 5 000 多个单字，初步显示了 6 种构字原则。虽然汉字在以后漫长的年代里历经了不断的发展演变，但除去某些时代制定的一些规范和简化要求外，其构字原则和形、音、义三位一体的特点始终没有改变。在世界上的多种文字中，3 000 年以后还能看得懂的只有汉字，稳定的表意功能使汉字具有无可比拟的优越性。

造纸术

纸是人类文明和文化科学得以记载、积累、传输和发展的物质基础。随着纸的质量不断提高和新品种的不断涌现,其应用已扩展到日常生活、医疗卫生、商业和工农业等各个领域。造纸术在中国广泛传播了几百年后,逐渐开始向亚洲其他地区传播。很长一段时期,中国人对造纸技术秘而不宣。直到公元751年,大唐王朝与阿拉伯人发生了一场战争,使得中国好多士兵被俘,这其中不乏一些懂得造纸术的能工巧匠,从此造纸术在阿拉伯发展起来。到了12世纪,欧洲人从阿拉伯国家学到了造纸技术。

我们的祖先最初把文字刻在龟甲或兽骨上,称为甲骨文。商周时代,又把需要保存的文字铸在青铜器上或刻在石头上,称为钟鼎文、石鼓文。春秋时期,人们开始把文字写在竹片或木片上,称为简牍。另外,也有用绢帛写字的,但材料十分昂贵。在这种情况下,蔡伦发明了纸。

蔡伦总结了前人造纸的经验,带领工匠用树皮、麻头、破布和破鱼网等来造纸。他们先把树皮、麻头、破布和破鱼网等东西剪碎或切断,放在水里浸渍相当长时间之后,再捣烂成浆状物,经过蒸煮,然后在席子上摊成薄片,放在太阳底下晒干,这样纸就制成了。

用这种方法造出来的纸,体轻质薄,很适合写字。公元105年,蔡伦把这个重大的成就上报了朝廷,受到了称赞。从此,全国各地都开始用这样的方法造纸。

纸很快取代了简、帛,广泛应用于书写或印刷。东汉安帝建光元年(公元121年),蔡伦的弟子孔丹在皖南造纸,他很想造出一种世上最好的纸为老师画像,以表缅怀之情。

一个偶然的机会,孔丹来到峡谷溪边,看见一棵古老的青檀树横卧溪上。由于流水终年冲洗,树皮腐烂变白,露出一缕缕修长而洁白的纤维。孔丹灵机一动,认为这种纤维是造纸的绝佳材料。事实果然如

古代造纸的情景

关键人物

蔡伦(62~121),东汉时桂阳(今湖南郴州市)人,字敬仲。据《后汉书·蔡伦传》记载蔡伦在年少时被送入宫中当太监,东汉永元年间,曾担任制造御用器物的尚方令,公元114年被封为龙亭侯。当时用简、帛作为书写材料,笨重而昂贵,不便大量使用。他注意到这个问题后,敏锐地意识到纸的重要用途。于是,他领导工匠在总结前人经验的基础上,用新工艺造出了质地优良的纸张。

孔丹所料，经过反复试验，终于大功告成。用这种纤维造出来的纸就是历史上有名的"宣纸"。由于宣纸产于安徽泾县，古属宣州，所以就称宣纸。

到南唐时，宣纸的发展又进入了一个新的阶段。后主李煜在政治上是不成功的，但却热衷于文化事业。作为朝廷贡纸的宣纸在李煜的监制下显得更为名贵，澄心堂纸就是这个时期的产物。澄心堂原本是南唐烈祖李昪的宫室之名，可见，这种纸是专为南唐宫廷制造的。据说，这种纸要用腊月敲冰所取的水制造，滑如春水，细密如蚕茧，坚韧胜蜀笔，明快比剡楮，长者可 16.6 米为一幅，自首至尾匀薄如一。

宋代继承了唐和五代的造纸传统，出现了很多质地不同的纸张，纸质一般轻软、薄韧，上等纸全是江南制造，也称江东纸。欧阳修曾用这种纸起草《新唐书》和《新五代史》，并送了若干张给大诗人梅尧臣，梅尧臣收到这种"滑如春水密如茧"的宣纸竟高兴得"把玩惊喜心徘徊"，澄心堂纸在唐宋时期名贵难求的程度，由此可略见一斑。

元代的造纸业开始凋零，只有在江南还勉强保持着昔日的景象。到了明代，造纸业又兴旺发达起来，主要名品是竹纸、宣德纸、松江潭笺等。清代宣纸制造工艺进一步改进，成为家喻户晓的名纸。各地造纸大都就地取材，使用各种原料，制造的纸张名目繁多，在纸的加工技术方面，如加矾、染色、洒金和印花等工艺上，都有了进一步的发展和创新。

齐白石大师画在宣纸上的名作

印制成的书籍

印刷术

历史的车轮滚滚向前，先人为我们留下了宝贵的遗产，而书就是这些宝贵遗产所承载的工具。然而，书的普及却源于一种古老的东方发明——印刷术。印刷术的诞生在世界范围内推动了自然科学及社会变革，成为对精神发展创造必要前提的最强大的杠杆，拉开了人类文明史的真正序幕。因此，世人称它为"人类文明之母"。

印刷术诞生之前，人们出版一本著作完全要靠手工抄写，质量无法保证。随着墨和纸的问世，雕版印刷术诞生了。它的操作方法是：将一篇文章用反手刻在木板上。印刷时，在版上刷墨，然后将纸盖在版上用干净的刷子轻轻刷实，纸上就会出现黑色的字迹。

20 世纪初，考古学家们在甘肃敦煌千佛洞中发现了唐咸通九年雕印的《金刚经》，它成为目前世界上标有确切雕印日期的最早的印刷品实物。

雕版印刷由兴到衰，历经了 1 000 多年的风风雨雨。经过长期的摸索，活字印刷术诞生了。它的问世不但记录和传播了中国传统文化和文明，更带动了世界范围内文化艺术和科学的发展，而所有这一切，都要归功于现代印刷业的鼻祖——毕昇。

活字印刷术首先是制活字。毕昇所用的材料是胶泥，刻好字后用火焙烧，使之坚硬如瓷。其次是排版，在铁板上放松香、蜡以及纸灰的混合物和一个铁框，将拣出来的字排满一框后即对铁板进行加热，使松脂熔化，将泥活字压平，冷却固定之后，版即制好。最后，就是印刷，方法与雕版印刷一样。印刷完后，将铁板再度加热，使松香和蜡熔化，将泥活字取下放好，以备下次使用。不难看出，毕昇在近千年以前发明的活字印刷术，已经大体上具备了近代活字印刷术所具备的基本原理和操作程序。

毕昇在 11 世纪中期发明了活字印刷术，但却并未得到广泛应用。400 多年后，谷登堡在东方文明的启迪下，也发明了同一原理的活字印刷术。不同的社会制度造就了截然不同的结果——谷登堡的活字印刷术开辟了印刷行业机械化生产的道路，并引领着西方文明大踏步地向前迈进。

1398 年,谷登堡出生在德国黑森的美因茨。他对欧洲古老的印刷术做出了彻底改良。在制

手工抄写

活字印刷的发明者毕昇

造活字方面，他找到了铅合金。谷登堡先为每个印刷符号刻制一个凸出的字模冲头，然后进行修正直至完美。之后，用它在铜块上冲出一个凹进的印模。再在其中浇入铅水，冷却后就成了活字。使用时，工人们从字盘中拣出所需字模，把它们放入一个叫"手盘"的容器里，每两个单词之间放入铅空，然后把手盘中的活字移入长方形活字盘，并在行与行之间插入铅条。整个版面排好后，再把它放进一个钢制或铁制的排字架中，最后在架子的缝隙中敲入许多楔子，使活字牢牢地固定在各自的位置上，然后就可以付梓印刷了。

解决了活字问题之后，谷登堡又将精力投入到了印刷机的发明上。最后，他根据木制螺旋压榨机的压印原理制成了代替手工印刷的木制印刷机。与此同时，他还发明了一种可以均匀地粘着在每个金属活字上的油墨，而这些在当时东方的印刷术中都是不具备的。1454年，谷登堡印刷的第一部书籍《圣经》问世了。很快，谷登堡发明的印刷术风靡整个欧洲，到了19世纪，西方的印刷业已经有了长足的进步。如今，伴随着电子计算机和激光技术的发展，铅字正逐渐退出印刷舞台，激光照排技术的问世使印刷业又迎来了一场新的变革。

谷登堡发明了历史上的第一台活字印刷机

>> **更多介绍**

我国先秦时代，就开始对图籍典故进行复制，以供人们阅读和收藏。以后数千年，经历了笔与刀、泥与火和光与电三个阶段的巨大变革，形成了历史悠久、内容丰富、体系完备的文化体系。而所有这些都脱离不了印刷这一重要的环节。

美国学者迈克尔·H. 哈特曾经认为，纸的发明改变了中国与西方文化的对比度：公元2世纪之前，中国文化一直不如西方文化先进，而在公元后的1 000年间，中国已远远超过了西方。关键就是纸在文化传播中的应用。而15世纪以后，西方文化明显超过了中国，一个单纯的技术上的问题就是谷登堡发明了印刷机。

事实可能并非如此简单，但这种推理也不无道理。印刷机的发明和改进，加快了文化的传播和发展。在科学技术飞速发展的今天，不断革新的印刷机将引领人类文明走向新的高度。

谷登堡向他人展示自己的印刷作品

编织机

今天，也许不会有人认为能解放双手的编织机是个不祥之物，但400多年前，当教士威廉·李带着他发明的编织机游说时却无人理睬，四处碰壁。因为人们害怕失业，拒绝使用效率更高的编织机。可怜的威廉最终在绝望中默默死去。然而，历史的车轮毕竟总是向前的，在威廉死后，编织机终于迎来了它生命的春天……

威廉·李生活的年代，当时手工纺织十分盛行。威廉结束了剑桥大学的学业后，回到了故乡卡尔文顿，开始了他的牧师生涯，也开始了与那些几乎终日不停编织着的姑娘们为伍的生活。他是一个不适应环境的人，当他听到编织发出来的粗糙声音就感到不舒服。当他瞧着妻子的双手拿着两根针迅速地编织时，突然，他脑中冒出了一个念头：为什么不能用数百根小针代替一根大针，用许多钩子把编织的环状物提起来置于毛线之上，一次就打一排，为什么不能采用一种自动的编织机呢？

其实，威廉的想法并不新鲜。北非的牧民早在公元前若干个世纪就已经开始使用编织机和钩子了；织地毯的工匠使用的一种框架技术跟威廉设想的也相差无几。新鲜的只是编织机的概念和用一排钩子把编织环状物提起来置于毛线之上的简单编织动作。经过3年的努力，1589年，威廉的第一台手动脚踏编织机诞生了。

威廉以为自己找到了一条扬名发财的道路，他带着机器去宫廷谒见伊丽莎白女王，希望得到编织机的发明权和专利权。可是女王对他的发明不感兴趣。威廉的第

早期的编织机

关键人物

威廉·李（1550～1610），年轻的时候，接受过良好的教育，曾在英国剑桥的基督教学院里获得过文学硕士的学位。回到家乡后，他开始在教会任职，贫苦的生活使他不得不为了生计给贵族的家庭理财，以便有更多的财力去完成自己的发明。虽然威廉·李在完成编织机的发明之初，并没有受到重视，但是人们不得不承认自从有了编织机，手套、毛衣这样的针织物品再也不是贵族们专享的奢侈品了。

一台编织机是用粗羊毛来编织的织袜机,女王认为使用这种机械会威胁大英帝国的棉花业,她还认为用羊毛编织的袜子太土气。为了能编织丝袜,威廉又花费了8年的时间改造编织机,可是,这回女王依然拒绝认可他的专利。于是,威廉又和弟弟将机器带到欧洲大陆,这一发明终于得到了法国国王亨利四世的支持,威廉就在法国里昂用编织机生产长袜。在他的专利即将被批准时,亨利四世却被暗杀了。之后,威廉又和弟弟四处奔走,竭力说服金融家们兴办机械编织工厂,但终究一无所获……1610年,这位编织机的发明者在四处碰壁的绝望中死去了。

直到威廉·李死后,编织机才时来运转,碰到了知音。威廉的弟弟带着机器回到英国,碰到了一个从诺丁汉来的商人,这个商人对机器很感兴趣。于是他们在英格兰中部地区的北部合伙开办了第一个机械化的针织厂。这个冒险十分成功,致使在一个世纪之后,莱斯特的手工编织工人向市政官员请愿,要求保护他们的利益,不在这个县再增加编织机器。

威廉·李的手动脚踏编织机最开始用来织袜,以后逐渐延伸到织衣裤、帽子、围巾等物件,一直沿用了200多年。19世纪初,英国的达乌森德对这种编织机进行了改进,发明了不使用沉降片的舌针,在舌针头部有一个像鳄鱼嘴形的能张合的部件,它能够出色地完成模仿人手指的编织动作,进一步提高了工作效率。

威廉·李虽然抱憾死去,但编织机最终还是因它比人工编织优越的性能而迎来了自身的春天。

威廉·李发明的手动脚踏编织机

现代的编织机

科学史上的伟大发明

电池

电是推动人类近代文明最重要的动力,科学家们花费两个世纪以上的时间,来研究如何使用操作电力这个伟大的能源。19世纪的科学家伏特发明的原始电池,奠定了电池科技的基础;之后出现的携带方便的干电池,在20世纪扮演了极为重要的角色,尤其在大规模停电之时,特别显现出这个插头以外的电力来源的重要性。

静电学在18世纪得到了长足的发展,但直到1780年的一次偶然事件,才使人们对于电和电流有了新的认识。1780年的一天,意大利解剖学家伽伐尼在对青蛙的解剖中,发现了一个奇怪的现象:当解剖刀碰到蛙腿神经时,蛙腿便出现痉挛、抽搐。经过不断的实验和思索,最后伽伐尼认定,当两种不同的金属分别与蛙腿的神经和肌肉相连,将两种金属相接触时,蛙腿便会抽动,这是动物体内的生物电被激发出来的原因。1791年,伽伐尼发表了他的著名论文《肌肉运动中的电力》。

伽伐尼

伽伐尼发现生物电的消息传开后,人们为之震惊。这是继富兰克林之后,人类在电学领域中的又一个爆炸性新闻。随后,意大利人伏打重复了伽伐尼的实验。几个月后,伏打得出结论:蛙腿抽动根本不是什么生物电。伽伐尼教授当时用铜钩钩起青蛙,挂在铁架上,不同的金属会产生微弱电流,蛙腿是受这种电流刺激后抽动的。在几个月闭门实验的过程中,伏

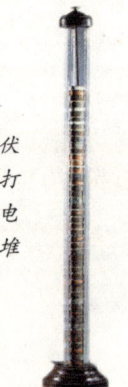

伏打电堆

关键人物

伏打(1745~1827),曾担任帕维亚大学物理学教授。他发明了用来产生静电的起电盘,发现并分离了甲烷气体。1794年他在实验中发现金属可以产生电流。1800年,伏打的第一个电池问世。第二年拿破仑在巴黎看了他的电池表演后,封他为伯爵。为纪念伏打,电动势的单位"伏特"正是以他的姓氏命名的。

打产生了一个想法。于是，他回到执教的意大利帕维亚大学，在实验室里一干就是7年。

1799年，他终于发现经过酸浸的金属会产生更强的电效应。接着他根据这个发现，做了许多锌板和铜板，将一块锌板和铜板放在一起，之间夹着一块浸透了酸液的呢绒，伏打不断照此一层层重复，叠到30层左右，便形成了一个能产生很强电流的柱状装置。这就是世界上的第一个电池，当时人们将它称为伏打电堆或伏打柱。

伏打向人们展示他制作的伏打电堆

伏打告诉人们：这柱叠得越高，电流就越强。他用自己创立的电位差理论来解释这一现象。他说，不同金属接触，表面会出现异性电荷，也即电压。在实验中，他还摸索出这样一个序列：铅、锌、锡、镉、锑、铋、汞、铁、铜、银、金、铂、钯。在这一序列里的任何一种金属跟它后面的金属接触都会产生电，而且前面的带正电，后面的带负电。有了电压，就会有电流。实际上，这个"伏打电堆"就是一个串联的电池组。而人们为了纪念伏打，在1881年的国际电学代表大会上还通过了决议，将电压单位命名为"伏"。

1887年，英国人赫勒森发明了真正的干电池。

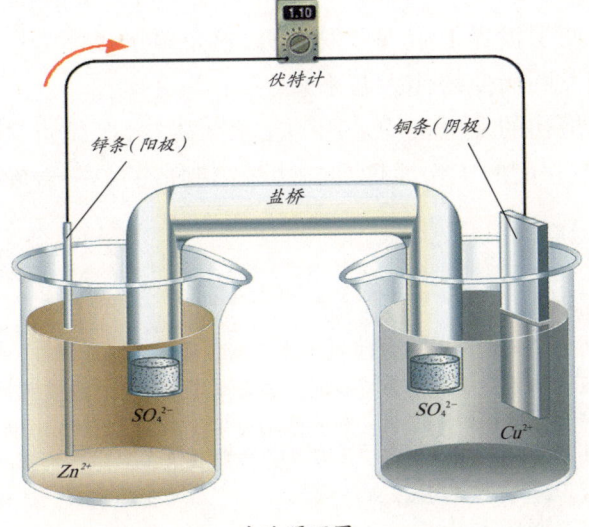

电池原理图

>> 更多介绍

电池是靠化学作用，通俗地讲就是靠腐蚀作用产生电能的。而其腐蚀物中含有大量的重金属污染物——镉、汞、锰等。当其被废弃在自然界时，会污染周围环境，另外，这些有毒物质便慢慢从电池中溢出，进入土壤或水源，再通过农作物进入人的食物。这些有毒物质在人体内会长期积蓄难以排除，损害神经系统、肾脏和骨骼等，有的还能致癌。

发电机

在人类文明发展的进程中，电的应用出现了几次重大的飞跃，而其中最重要的飞跃则来自于发电机和电动机的问世。发电机可以把其他形式的能量转换成电能，产生大量的电。大规模的工业生产，需要使用动力来带动机器制造各种产品，这也促使了人们寻找电池之外的电能来源，发电机也由此而诞生。

无论你到哪里，几乎都可以看到电在工作。发电机利用磁场和运动生成电流，从而使我们只要按一下开关就可以获得光和热。然而在18世纪之前，人们还没有真正触及电的本质，人们对电的了解也仅限于摩擦电。

从1821年开始，英国科学家法拉第的电磁旋转实验成功之后，他曾经多次想用实验来实现磁生电，但一直未能获得成功。1831年8月29日，他又设计了一个新的实验装置。这一次，法拉第证实了磁铁和线圈之间的相对运动

法拉第发明的第一台发电机

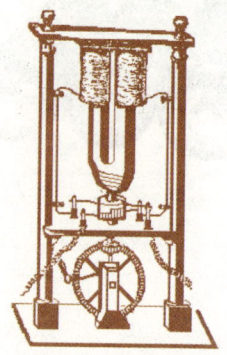

1832年，法国人皮克希成功地制造了手摇式发电机。

会在线圈中产生感应电，然而法拉第并不满足于这短暂的电流的产生，他所需要的是持续而稳定的电流。同年10月28日，他做了一次非常著名的实验，实际上，他发明了世界上第一台发电机，这个日子也因为这项伟大的发明而变得伟大起来。

最初的发电机均采用的是永久磁铁，既笨重又不经济。但它们的工作原理却与法拉第制造的第一台发电机

关键人物

西门子（1816～1892），德国发明家、科学家和工业家。他的才华为庞大的西门子钢铁公司和电子公司奠定了基础。他发明的将机械能转化为电能的发电机，为现代电力工业奠定了基础。1881年，他建立了第一个电力公共交通系统，使有轨电车开始在柏林的街道上运营。进入20世纪后，西门子公司已经成为世界上第一流的电子设备生产企业。

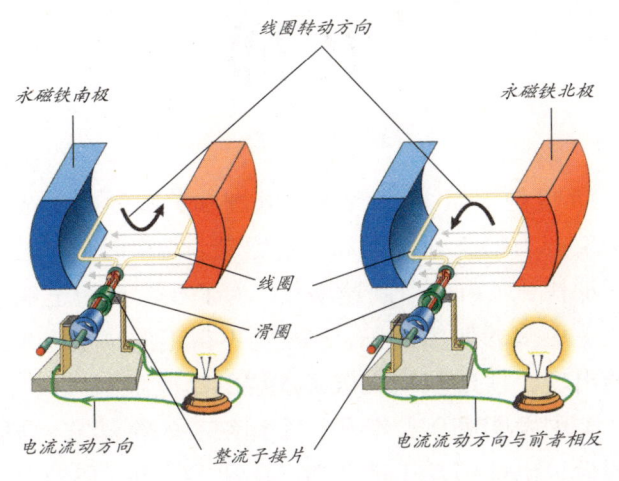

交流发电机示意图

早期的交流发电机

的原理是相同的。1867 年，德国的维纳·西门子设计出一种新式发电机。他用电磁铁代替永久磁铁制造了一台自馈式发电机，也就是说电枢周围的磁场是由电磁铁产生的。以前，发电机永久磁铁的两极之间，有一个称为"电枢"的线圈受到感应而产生电压，这样可通过在一个装置中使用多个线圈来获得平稳的电流。

后来，丹麦工程师索伦·尤思提出能用发电机本身的电为这些电磁铁供电，使发电机的电量大大提高。以这种方式制成的发电机是用蒸汽机、水轮机或者风力来驱动电枢的。此后，人们在应用中不断地改进发电机。电能开始以量大、廉价的优势而赢得青睐，电力工业也因此而得到迅速的发展。

>> 更多介绍

19 世纪 80 年代后期，直流发电机的地位开始受到来自交流电的冲击。爱迪生研究所里有一位名叫尼古拉·特斯拉的克罗地亚人，对交流电的推广有着极大的贡献。特斯拉始终坚信交流电会成为历史的趋势。抱着这种坚定的信念，特斯拉曾先后几次同爱迪生讨论发电机革新的几种潜在方案。但两人在讨论改良方案时因一件小事而分道扬镳了。数月之后，特斯拉成功地改进了发电机的附件，产生了非常理想的效果。离开爱迪生之后的特斯拉也找到了一位精通电流知识的伙伴——乔治·威斯汀豪斯。他们合作得非常成功，在不到 1 年的时间内，便将交流电引向了实际的应用当中。1888 年，特斯拉建成了交流电传送系统。

新式发电机

尼古拉·特斯拉

电梯

电梯是一种载物和乘人的升降机。这种升降机早在古罗马尼禄王朝时就有了。那时罗马的建筑师维特罗维斯就设计出一种上下垂直运输货物或人的升降台。这种升降台是由滑轮和人力、畜力或水力操纵，就像用绳子把吊篮吊着上下运输东西一样。

18世纪末至19世纪末，欧洲和美国的工业革命带来了生产力的飞速发展和经济繁荣。这个时期，城市化进程加快，城市人口高速增长。为了在较小的土地范围内建造更多的使用面积，建筑物不得不向高空发展。电梯的出现，使建筑物突破了5层的高度限制。

美国发明家奥蒂斯是一个很细心的科学家，高层建筑的大量出现引发了他改造升降机的念头。1852年，成为奥蒂斯发明生涯中的一个转折点。纽约贝德斯泰德制造公司的老板要求他制造一台货运升降梯来装运产品。作为一名熟练的工长，奥蒂斯并没有被这项任务所难倒，他认为如果将升降梯改造得更好，建筑物就可以突破高度的限制，这是一个多么令人心动的想法啊！

奥蒂斯分析了各种类型的升降机，它们都具有一个致命的缺陷：只要吊绳突然断裂，吊篮就会呈自由落体运动急速下降。在升降梯的设计过程中，奥蒂斯就把难点放在了吊篮的控制上。他设计了这样一种制动器：在升降梯的平台顶部安装一个货车用的弹簧及一个制动杆，与升降梯井道两侧的导轨相联结，起吊绳与货车弹簧联结，这样仅起重平台的重量就足以拉开弹簧，避免与制动杆接触。如果绳子断裂，货车弹簧就会恢复原状，两端立刻与制动杆咬合，即可将平台牢固地固定在原位，以免继

1903年，奥蒂斯公司在洛杉矶布拉德雷大楼里装上了令人叹为观止的安全升降机。

关键人物

奥蒂斯（1811～1861），美国发明家。1852年他在扬克斯设计并安装了第一台装有安全设备的升降机，以防止吊链断裂时发生事故。1853年，他又建立了一座小型升降机工厂，并售出了第一台装货用的升降机。1854年5月，纽约市的水晶宫安装上了奥蒂斯发明的安全升降梯，使人们对这样的设备有了更深入的了解。1861年1月15日，他获得了安全升降梯的发明专利权。

续下坠。

这种新设备叫安全升降梯，这项成功的发明使奥蒂斯成为众人注目的焦点。不久，他就收到了订制两台升降梯的订单。这份订单使奥蒂斯对自己的发明进行了认真思索，他坚信这个蒸蒸日上的国家将会需要更多的升降梯。

像任何企业家一样，奥蒂斯也要宣传自己的产品。1854年，在纽约的水晶宫展览会上，奥蒂斯亲自演示了安全升降梯。他爬上电梯的平台，将平台升到大家都能看到的高度。然后，命令助手切断缆绳，在一片惊呼声中，电梯并没有掉下来。当暴风雨般的掌声响起时，站在平台上的奥蒂斯挥动着手里的帽子向人们致意！

奥蒂斯以及他创办的奥蒂斯电梯公司

安全与这次表演联系起来，这个词使升降梯获得了普遍承认，纽约普通公众和小实业家们很快就想到在商店利用这种升降梯来为顾客服务。

但开始时顾主们却并没有因需要购买奥蒂斯公司的升降梯而踢破门坎。1854年只销售几台；1855年也只有15台；1856年，奥蒂斯公司的记载说明，像我们今天所称作的安全升降梯共售出27台，而且全部是货运升降梯。

到1857年3月，在纽约百老汇与布罗姆大街的豪沃特公司，专营法国瓷器和玻璃器皿的商店里安装了世界上第一台安全客运升降梯。该商店共五层，当时就算是相当高的建筑物了。升降梯的动力是由建筑物内的蒸汽动力站利用一系列轴及皮带驱动的。该梯可载重450千克，速度为每分钟12米，升降梯的初级市场终于起步了。

第一部自动手扶电梯安装在巴黎"1900年世界博览会"大厅里。百货商店和一些商业银行都很快地为自己的大楼订购了自动手扶电梯。

在随后的几年中，升降机总的营业情况不算很好，但也足够使奥蒂斯继续他的研究与发明工作，以便增加升降梯的需求量。令人遗憾的是，1861年4月8日，奥蒂斯在他刚刚度过50岁生日后便去世了。在这短短的岁月里，他与升降梯工业结下了不解之缘，并为它的研制与发展做出了巨大的贡献。

>> 更多介绍

1880年，德国西门子发明了世界上第一台电动升降机——电梯。现在我们使用的电梯是在此基础上经过多次改进而成的。而电动扶梯直到1921年，美国的奥蒂斯公司才研制出来。

打字机

19世纪时，办公室里办事员一统天下。他们坐在高级写字台旁，用手费劲地写着各种东西。定货单、发货清单、商务函件和报表，全都是用笔蘸墨水写成的。后来打字机被一个叫克里斯托弗·肖尔斯的人发明出来，书写的工作相应变得容易快速起来。打字机的诞生，曾被西方历史学家称为是"人类文化史上继造纸术和印刷术之后的第三项文化工具的发明"。把打字机与我国的两大书写发明并列，在中国人的眼里似乎不可思议，但它却给拼音文字的书写带来了一场革命。

打字机的发明者叫克里斯托弗·肖尔斯，但他跟打字机没有一点关系，他只是美国一家烟厂的工人。由于一连串的奇遇和巧合，他成了这项专利的持有人。

肖尔斯的妻子在一家公司当秘书。最初，由于妻子工作忙，经常将做不完的工作带回家，连夜赶写材料，非常辛苦。肖尔斯心疼妻子，只好帮忙抄写，有时写到深夜，两人往往都手酸臂疼。于是，肖尔斯开始有了发明写字机器的想法。经过6年苦心研究，他造出了一台像缝衣机那样的打字机。

机器静静地摆放在桌上，袖珍的齿轮、杠杆、螺钉、拨叉、滚筒……一排排的圆形按键，均匀地分布在机器的正面；稍有机械常识的人，都可以循着每一按键向内部观察——按键通过传动装置，连接着金属杆，而每根杆的末端，都刻写着一个美观的字母，一个可由按键控制向前"击打"的"字母笔"。所有构思巧妙之极，现代打字机就要呱呱坠地了。肖尔斯紧张地分开十指，快速地压下一个个按键。"咔嚓，咔嚓"，听上去还是那么刺耳。

肖尔斯紧锁着眉头，按一下，停一下，纸上却印出了端正的字迹。"难道我的打字机只能一字一顿地断续打？"肖尔斯自言自语道："那简直太可笑了。"原来，问题就出在键盘上。按照常规，肖尔斯把26个英文字母，按顺序排列在键盘上，A、B、C、D、E、F

肖尔斯发明的打字机

关键人物

克里斯托弗·肖尔斯（1819～1890），他早期曾作过印刷工和报纸编辑，在从事报纸编辑的工作中，他认识了很多政治家，后来，他还办过几份报纸，作过邮政局的局长。19世纪60年代，肖尔斯开始为政府收集民间习俗，在这期间，他开始了发明打字机的工作，1868年，他获得了打字机的发明专利权。

……为了使打出的字一个挨着一个,这些按键不能相距太远。打字时,只要手指动作稍快,金属杆就会相互发生干涉现象。他找来一本字典,粗略地统计了英语中哪些是最常用的字母,然后重新安排了按键的位置。他把所有常用字母之间的距离,都排地尽可能远一些,让手指移动的过程尽量延长。反常的思维方法竟然取得了成功。手指、按键、金属杆,有条不紊地连续运动。"哒哒哒……"肖尔斯激动地打出了一行字母,如同印刷字一样精美:"第一个祝福,献给所有的男士,特别地,献给所有的女士!"

虽然有人早就设计出更科学的键位排列,却始终不成气候。肖尔斯发明的这种键盘,从1860年一直沿用至今,由于该键盘第一行从左至右排列着Q、W、E、R、T、Y 6个字母,所以我们把它称作"Q、W、E、R、T、Y"键盘。

与此同时,曾经是肖尔斯合作者的约斯特也在一家公司的资助下研究打字机。他通过一根控制杆使同一个键能分别打出大、小写字母,这使键盘上原有的78个键减少到52个。约斯特还作了进一步改进,使操作者能随时看到所打出的字。

1868年6月23日,美国专利局正式接受了肖尔斯打字机的发明专利。由于资金困难,他把专利卖给了雷明顿军械公司。不久,市场上隆重推出著名的"雷明顿"牌打字机。

> **更多介绍**
>
> 我们今天用的打字机是从1866年美国威斯康星州印刷商肖尔斯和约斯特合作设计的原型发展而来的。这台打字机同现代打字机结构相似,连键盘字母的排列方法也差不多,但体积要大一倍。当时,由于机件的质量问题,击字连杆很容易相撞和卡住。因此,肖尔斯故意把常用的字母分得很开,安排在不很顺手的地方,以减慢打字速度,这样,击字连杆就不会卡住了。

1873年,雷明顿军械公司向肖尔斯买下了打字机生产专利权,并于1874年投放市场,很快就在商业机构中普遍使用了。

科学史上的伟大发明

电冰箱

老幼皆知的广告语——"晶晶亮、透心凉！"将我们从炎炎夏日带入了一个"清凉世界"。这个世界似乎可以冲淡酷热所带来的喧闹、浮躁与焦灼，而这一切都源于冰箱的诞生。

哲学家笛卡儿曾说："我思故我在。"而冰箱的发明过程恰恰证明了这句话的深刻哲理：一个偶然的发现和一个简单的创意，经过许多思考的大脑后，结出了人类智慧之花。在享受冰箱带给我们方便的同时，推动它发展进程的科学家也让我们永远铭记。

哈里森是澳大利亚《基朗广告报》的老板，在一次用醚清洗铅字时，他发现醚涂在金属上有强烈的冷却作用。醚是一种沸点很低的液体，它很容易发生挥发吸热现象。哈里森经过研究，使用了醚和压力泵，于1851年研制出了第一台人工制冷压缩机，并把它使用在一家肉类冷冻加工厂和澳大利亚维多利亚的一家酿酒厂。从此，这种制冷机具有了工业价值。

1873年，德国工程师、化学家卡尔·冯·林德发明了以氨为制冷剂的冷冻机。林德采用一个小蒸汽机为动力来源，它驱动压缩泵，使氨受到反复的压缩和蒸发，产生制冷作用。林德首先将他的发明用于

卡尔·冯·林德发明的以氨为制冷剂的冷冻机

威斯巴登市塞杜马尔酿酒厂，设计制造了一台工业用冰箱。后来，他将工业用冰箱加以改造，使之小型化，于1877年制造出了世界上第一台人工制冷的家用冰箱。到1891年时，林德已在德国和美国售出12 000台冰箱。

1923年，瑞典工程师布莱顿和孟德斯发明了世界上第一台用电动机带动压缩机工作的冰箱，也就是人类的第一台电冰箱。后来，他们把专利权卖给了芝加哥的

关键人物

卡尔·冯·林德（1842～1934），德国工程师。1868年曾在慕尼黑工科大学任教。1870年开始研究制冷技术，5年后，他在德国建立了第一个制冷工程实验室。1895年，他创建了规模巨大的生产液态空气的工厂，为电冰箱的研制和大规模生产提供了技术上的支持。

64

家荣华公司，该公司于1925年生产出了第一批家用电冰箱。最初的电冰箱其电动压缩机和食物箱是分离的，后者是放在家庭的地窖或贮藏室内，然后，通过管道与电动压缩机连接，才合二为一。

应当看到，电冰箱的大发展，其实是从人类开始利用氟利昂作为制冷剂而转折的。

1930年，美国工程师米德莱试制成功了氟利昂。在氟利昂发现以前，冷冻机中常用的制冷剂主要是二氧化硫和氨。这两种物质都具有臭味，对人体有强烈的刺激性，会影响人的健康。于是米德莱根据元素的周期律，寻找更适合做制冷剂的化合物。最终，他发现氟的化合物毒性小，又不易燃烧，挥发性比较大，可作为一种理想的制冷剂。他选择了一组氟氯化物作为研究对象，并成功地发现了理想的高效制冷剂——氟利昂。很快它逐渐取代了二氧化硫和氨，一直沿用了50多年。

氟利昂的使用，使电冰箱迎来了一个春天，这也导致了对地球臭氧层的破坏。面对新世纪，科学家们研制出了氟利昂的替代品来作为制冷剂，全面采用了无氟环保技术。现在的冰箱，容量大，耗能少，噪音小，外观漂亮，功能也越来越多。可以想象，在未来世界中，电冰箱会使我们的生活更加美好、更加丰富。

第一批家用电冰箱出现于20世纪20年代

>> **更多介绍**

如今，电冰箱已经步入了千家万户，它的普及的确给消费者带来了诸多方便。但是，人们却忽视了这样一个问题，即电冰箱不等于保险箱，更不是消毒箱，不论是冷藏还是冷冻，都不能杀灭贮存食物上的病原微生物。有些人将食物放入冰箱长时间贮存，待想食用时才发现食物已经变质，而为此大惑不解，误认为冰箱的冷度不够或电冰箱出了毛病。这种看法是完全错误的，冰箱温度低，可以大大抑制细菌的繁殖速度，延长食物的贮存时间，但并不能无限期地贮存食物。

自从进入20世纪80年代以后，电冰箱在家庭中迅速得到了普及。

录音机

人类在很久以前就有这样一个梦想,希望能将声音直接记录下来,而不是通过文字或者符号来保留。随着科学技术的进步,这个梦想最终变成了现实。19世纪的科学家们开始认识到声音的一个重要特征:声音具有一种能量。为此,他们继续思索:怎样才能管理并能使它产生动力呢?如果能驾驭它,那么声音的记录与储存就是顺理成章的事情了。这项技术革新的发明,同样有许多科学家经过无数次的改进、发展与使用,才使人们的生活告别了古老的八音盒时代……

爱迪生最初发明的留声机

最初的留声机构造,并不像我们现在的留声机那样精致,它是非常简单的,一架有着带纹道的圆筒、两只振动膜和大头针等装置,就构成了一台会说话的机器。如果对着喇叭发声,声音便会使振动膜发生振动。当振动膜随着声音一上一下地振动时,振动膜下的针也在同时对它下面移动的锡纸产生时重时轻的压力,锡纸上便出现了深浅不一的凹槽,这样,声音便被记录在锡纸上了。如果要想使这些凹槽以声音的方式重现,只要通过附在振动膜上的针将它再送到振动膜上就可以了。

大发明家爱迪生在当电报员的时候,就曾在上蜡的纸带上用莫尔斯电码记录消息。当电报信号高速发送时,细心的爱迪生发现,凸凹纸迅速地擦过撑在它上面的弹簧,发出了犹如乐曲般的声音。爱迪生将这种声音与刚发明的电话的声音联系起来。这种意外的发现使爱迪生这个有心的科学家叩响了储存声音的大门。

1877年,世界上第一台留声机就这样诞生了。留声机算得上是后来出现的磁带录音机的前身。其后几年里,许多科学家都在努力改进,希望在此基础上有所突破。

留声机

在留声机问世11年后的1888年,一位名叫史密斯的科学家提出了改进留声机的设想。尽管史密斯有着一番美妙的设想,但是由于种种原因,他最终并没有能够把自己的设想付诸实践。

1898年,丹麦科学家保森根据史密斯的理论,研制出了第一台磁性录音机。1900年,巴黎博览会上展出了保森发明的磁性录音机。这种录音机把声音录在钢

磁带录音机

丝上，具有独特的优点，所以在博览会上，受到了人们的青睐。

磁性录音要用质量很高的钢丝和钢带，且非常笨重，使用起来不方便。1936年德国的弗劳伊玛研制出了磁带录音机。这种录音机声音清晰，使用方便，价格便宜。在这之后，又有许多科学家对录音机的改进做出了贡献。

然而最终淘汰留声机，使磁带录音机确立它不可动摇地位的人物当属美国人马文·卡姆拉斯。卡姆拉斯从小就喜欢自己动手制作各种有趣的小玩意，尤其对新奇的东西十分感兴趣。他曾制作过晶体管收音机，还自制了火花式发射机。1937年，卡姆拉斯开始改造钢丝录音机，他为了提高音质，开始对不同材料进行试验，最后终于找到了较为理想的磁性材料——一种具有特殊性质的氧化铁粉。他将这些铁粉末涂抹在塑料带上，放入磁场进行处理，制成了又轻又薄的塑料磁带录音机。

卡姆拉斯还发明了高保真录音技术。他在录音的时候，采用的是不同频率的装置，而放音时，则采用适应不同频率的喇叭将声音播放出来。这样，人们即使在家中也能够听到与剧场一样的音响效果了。

随着科技水平的提高，为了使磁带更加坚固耐用，磁带录音机不断地向小型化发展，并且使磁带录音机的音响效果也不断提高。目前的磁带录音机已开始向数字化方面发展，这种数字式磁带录音机的音质优于一般的激光唱片，能放又能录，是一种性能更加完美的音响产品。

永磁钢丝录音机

1942年，德国人首先使用了磁带录音机。

数字式磁带录音机

>> 更多介绍

保森的永磁钢丝录音机中，与振动膜片相连的是一块小磁铁。当磁铁振动时，一根钢丝在磁铁前匀速通过，钢丝上发生不同程度的磁化，这样声音便成为强弱不同的磁信号记录下来。我们现在听到的阿炳的很多二胡曲就是这样保存下来的。

但这种录音机的钢丝易扭曲变形，放音质量很不好，而且它的信号比较微弱，音量非常微小。

20世纪初发明了电子管后，波尔森采用了直流偏磁法和电子管放大技术，才使录音机的灵敏度和声响都有了大幅度的提高。

变压器

变压器是一种神奇的仪器，它可以根据需要来升高或者降低交流电的电压。有了它的帮助，无论你想聆听收音机中美妙的音乐或者欣赏电视机里精彩的画面，电压的高低将不会成为困扰人的问题，一切都将变得随心所欲。

在爱迪生发明电灯时，输电距离仅在30千米以内，否则电压太低，电灯就不能亮。解决这一输电难题的办法，只能是在使用者附近建立发电站，而且每隔30千米的距离就要备有冒着浓烟、轰轰作响的发电机。

而有了特斯拉的这种变压器，就可以使发电厂建在离城市很远的郊区，用高电压输送电流，以减少电在输电线路上的损耗。等电输送到城市里以后，再用变压器降低到一定的电压后，供给工厂和家庭使用。这样就可以省去建设许多发电厂的麻烦以及减少其产生的污染。

特斯拉是一位出生在南斯拉夫的美籍发明家，自小表现出的机械学方面的天赋为他走上成功之路奠定了基础。

1884年，不甘平凡的特斯拉决定去美国闯一闯。很快，他成为爱迪生的助手，在此期间，善于发现和思考的他注意到1831年法拉第在研究电磁感应定律时，曾经做过的一个实验：法拉第把两组线圈绕在同一个软铁环上，在原线圈内通电的瞬间，会在另一个副线圈上感

特斯拉高频率发电机的模型

早期的变压器

做实验时的特斯拉

关键人物

特斯拉（1856～1943），早年在巴黎欧洲大陆爱迪生公司任职，在那里，他发明了交流发电机。后来，他开创了特斯拉电气公司，从事交流发电机、电动机、变压器的生产，并进行高频技术研究，发明了高频发电机和高频变压器。为了表彰特斯拉对交流电系统所做出的贡献，1956年，在他诞辰一百周年纪念会上，国际电气技术协会决定用他的名字作为磁感强度的单位。

应出电流来。断电时也会感应出电流，但是等电流稳定流动时，副线圈中则没有电流。特斯拉由此想到，如果不断地使原线圈通电断电，副线圈中不就可以不断地感应出电流来吗？由于电流瞬间的通断，人们不会轻易看出电灯的明灭闪烁，这种大小和方向不断变化的电流，就是交流电。特斯拉发现了这种装置可以提高或者是降低电压，副线圈的匝数越多，感应出的电压越高，原、副线圈的匝数比就是它们的电压比，这就是变压器的基本原理。

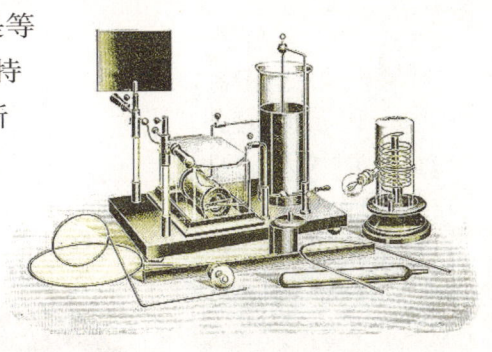

特斯拉的变压器实验示意图

为了使用变压器，特斯拉还发明了交流发电机和交流电动机。在1885年，匹茨堡的威斯汀豪斯电气公司购买了他的多相交流电动机、变压器的专利权，这笔交易触发了爱迪生的直流电体系和特斯拉－威斯汀豪斯的交流电体系之间的竞争。因为英国的威廉·汤姆逊、美国的爱迪生等都反对研制和发展交流发电机，而特斯拉则肯定交流电才是未来发展的趋势。事实证明，由于变压器的发明使交流电的应用迅速进入实际生活领域，由于它所具有的输送优势，终于淘汰了爱迪生等人所坚持的直流电体系。

1887年，特斯拉成立了自己的电气公司，并为交流电申请了专利，随后，他在尼亚加拉大瀑布建立了第一个水力发电厂，彻底结束了爱迪生的直流电时代。

沉思时的特斯拉

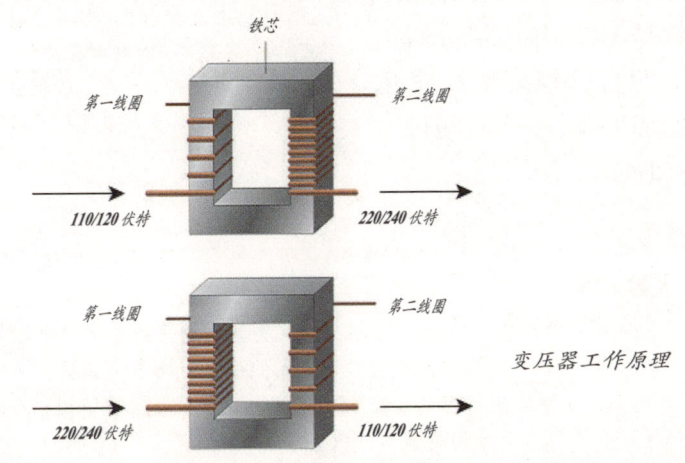

变压器工作原理

>> **更多介绍**

世界上第一台三相变压器出现于1891年。

当年8月，世界博览会在德国法兰克福召开，会议组织者为了展示交流电的输送和应用，在175千米外的德国劳芬的波特兰水泥厂内装设了一套三相水轮发电机组，向博览会上的1 000盏电灯和一台73.5千瓦的三相感应电动机供电。

照相机

150 年前，当人们第一次拿着自己的照片以全新的角度审视自己时，已不再有人类当初第一次面对镜子时的心情了。然而，无论是镜子还是照相机，对人类的文明进程都产生过不可估量的作用，尤其是照相机的发明，很明显地将人类的历史分为两段，它以后的历史是那样的鲜明而真实。然而，这项比电灯还要早的发明，其发明历程是极其漫长而艰难的，直到 19 世纪，千百年来的历史沉淀才带来瞬间的爆发。三项技术的发展成为这项发明的基础：暗箱技术、光化学及定影技术；同样，有三个伟大的名字也被深深地刻进摄影历史的丰碑，他们就是尼普斯、达盖尔和塔尔伯特。

照相机的历史可追溯到 2 000 多年前。中国学者韩非子在他的著作中曾提到过小孔成像的原理，这也是照相机的基本原理。中国学者墨子在《墨经》一书中也有过类似的记载。几乎在同一时期，古希腊学者亚里士多德也提出过一种与此类似的观测日食的方法。整个中世纪，暗室是一种非常流行的安全的研究日食的工具。

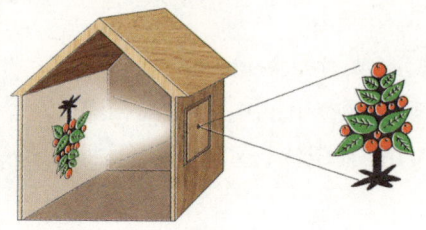

小孔成像示意图

1685 年，一个来自沃尔兹堡的修道士成功地解决了照相机光学方面的最后一道难题，他引进了长、短焦镜头。但直到 150 年后，光化学的发展才使人们成功地拥有一张可以永久保存的照片。

1822 年，尼普斯找到一种利用沥青的光硬化性能获取正像的方法，他称之为"日光图"。现存世界上最古老的照片就是 1826 年由尼普斯拍摄的自己窗外庭院景色的那一张，曝光时间长达 8 小时。

尼普斯拍摄这张《谷仓与鸽子窝》时，用了 8 小时的时间去曝光，以至于图片中的阴暗部分表现得不是十分清楚，它是世界上现存的一张最古老的照片。

关键人物

乔治·伊斯曼（1884～1932），以美国式的思维方式将照相机由"贵族"推向"平民"，照相机从专家的手中走向普通家庭。他和"发明大王"爱迪生一起创立的 35mm 胶卷技术至今仍被使用；他本人所创造的柯达至今仍是胶卷的代名词。

尼普斯在摄影方面的研究很快就引起另一位同胞达盖尔的注意。1829 年，达盖尔与尼普斯开始合作。1833 年，尼普斯去世，达盖尔将工作的研究重点转移到银盐上来。1935 年，达盖尔偶然发现水银蒸气可以使潜影显现正像。但直到 1837 年他才真正找到了可行的定影方法，达盖尔将他的新发明命名为达盖尔银版照拍法。

柯达的成功并不仅仅归功于商业运作的完美无缺，体贴入微的服务才是商界制胜的秘诀。

1939 年 1 月 7 日，法国政府从达盖尔手中购买了这项发明权并将此技术免费向全世界提供。政府每年向达盖尔支付 6 000 法郎，向尼普斯的儿子伊西多支付 4 000 法郎，并授予达盖尔紫绶勋章，很快达盖尔银版照相法便风靡全球。

人们把达盖尔称为现代银盐摄影的创始人。而当英国人塔尔伯特所创造的正、负片技术传到另一个美国青年的手中时，却几乎给摄影术带来了一场革命。这个美国青年所创立的公司叫柯达公司，他的名字叫做乔治·伊斯曼。

1880 年，24 岁的银行记账员乔治·伊斯曼开设了一家伊斯曼干版公司。1888 年，该公司生产出第一台柯达相机，从此柯达几乎成为相机或胶卷的代名词。

现在，照相技术真正步入了家庭，人人都可以用相机实现对美好生活的理解，拍自己喜欢的照片永留人间。

1888 年生产的第一台柯达相机

>> **更多介绍**

照相机中有些种类是根据其特殊用途而设计的。如水下照相机、广角照相机和全景照相机等。

水下照相机，顾名思义是供水下摄影之用。其机身采用特制刻度调节盘，以易于水中辨认，同时采用粗大的外剖调节器用于调焦，选择快门速度和光圈。

用于风光和建筑摄影的广角照相机，能拍摄出呈矩形的影像。有的广角照相机还采用移动镜头，有助于拍摄建筑物。

特制的全景照相机，一次曝光时能呈 120 度、180 度或 360 度取景，大大方便了风光摄影。这种照相机绝大多数能在快门曝光的同时，通过镜头轴后部的一垂直切口旋转镜头或整架照相机。

科学史上的伟大发明

电影

19世纪初，随着摄影技术、缩短曝光、胶片、连续摄影等一系列技术的发明，为电影的诞生奠定了基础。许多人开始进行电影放映的试验，有英国人、俄国人、美国人，有的在实验室，有的未作公开放映，但这些都不能和法国卢米埃尔兄弟发明"活动电影机"的成就相比拟。所以，目前国际电影界根据法国路易·卢米埃尔兄弟于1895年12月28日，在巴黎卡普西尼斯大道14号的咖啡馆大厅内用"活动电影机"，将自己拍摄的胶片放映至银幕上的这一史实，一致公认将1895年12月28日作为世界电影的发明日。

早在19世纪初，人们就开始了对电影发明的探索与研究。1872年，英国摄影师迈布里奇发明了一种叫"动物实验镜"的放映机。这种放映机通过一块旋转的圆形玻璃将形象投射出去，这样就使这些形象显得像在自然运动。

录有奔马影像的照片带使法国生物学家马雷博士深受启发。为了研究动物的动作形态，马雷曾经设计过一种"摄影枪"，现在，他决定效仿迈布里奇，改用照片来研究动物的动作形态。1888年，马雷博士制造出"固定底片连续摄影机"。他用绕在轴上的感光纸带通过镜头的聚焦处时，两个抓勾机构固定住感光纸带而使其曝光。以软片（感光纸带）代替原来的感光盘，这是电影发展中关键的一步。

伟大的发明家托马斯·爱迪生1889年发明了放映机，这是一种展现活动物体照片的器具，它既无放映机也无银幕。爱迪生做出的一项关键性改进是使用伊斯特曼发明的条幅式"胶卷"。他循其长度拍摄了一系列相片，然后使底片以仔细调整好的速度在闪

电影放映员

关键人物

路易·卢米埃尔（1864～1948）与其兄奥古斯特·卢米埃尔在电影发展史上有着举足轻重的地位，他们被誉为"电影之父"。1870年，卢米埃尔兄弟随父母从贝桑松迁到里昂，长大后便在其父开设的小工厂制造照相用的干底版。就这样，兄弟俩开始了他们的事业，并孜孜不倦的发明创造，终于为我们这个世界增添了一门新的艺术——电影。1895年3月19日，他们在里昂拍摄了第一部电影片《卢米埃尔的工厂大门》。同年12月28日，他们在巴黎首次公映了这一影片，从此，电影进入了亿万人们的生活。为了纪念他们，人们把他们的里昂故居辟为纪念馆，这条街也因此被命名为"第一部电影街"。

光灯前面经过，相片就能连续快速地放映在银幕上了。他的主要贡献是"使电影走出了实验室"。然而直到卢米埃尔兄弟在1895年将拍摄的胶片公开放映，电影才算是正式诞生。

卢米埃尔兄弟的重大贡献之一，便是巧妙地解决了电影胶片如何间歇地通过放映机片门的问题。他们从缝纫机中得到了启发，他们根据缝纫机的机械原理，制造出一种抓片机构。这种机构是把一个作用类似于缝纫机上脚踏板那样的机械所产生的运动传给一个带尖爪的滑框；尖爪升到顶点时，就钻进片带两边打好了的洞孔中，来拉动片带；当这个牵引机件再次上升时，尖爪便在下端退出洞孔，而使片带静止不动。

他们还在电影胶片后面安装了放映光源——电灯，让光线透过胶片和透镜，射到银幕上，就这样，用电灯作为光源，用电动机作为动力的电影放映机终于诞生了。1895年12月28日，在巴黎卡普西尼斯大道旁的格兰德咖啡馆大厅中，他们首次展示了魅力十足的电影艺术。这一天，也被电影史专家们定为了电影正式诞生的日子。

宣传卢米埃尔兄弟放映电影的一幅宣传画

>> 更多介绍

乔治·梅里爱和卢米埃尔兄弟一样都是世界电影的先驱和开拓者。与卢米埃尔兄弟不同的是，梅里爱把电影作为艺术品，创造了真正的戏剧电影。

起初，梅里爱拍摄的影片都是模仿卢米埃尔的，自己并无创造性。直到1897年，他在巴黎附近的蒙特路伊修建了他的第一个摄影场后，其创作才能便开始表现出来。1899年，梅里爱拍摄的《德莱孚斯案件》是他导演的第一部现实主义新闻长片，片长15分钟。梅里爱还对电影蒙太奇的概念有了进一步的实践，他把它称作"场面的转换"。正因为梅里爱用先进方法对电影进行了大胆的改革，从而完全改变了以前卢米埃尔兄弟的拍摄方法，才使电影向前跨了一大步。

电影放映机

科学史上的伟大发明

空调

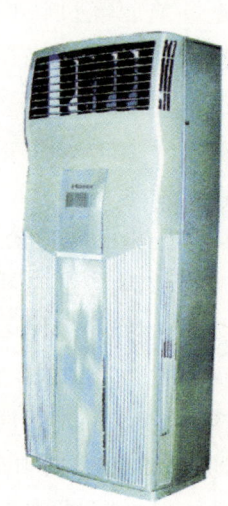

季节更替、四季变换是大自然固有的规律,当烈日炎炎的盛夏、寒风萧瑟的严冬来临时,人们是多么渴望走进四季如春的童话世界啊。而在100多年前,这只是一个美好的梦想,那时的人们不会想到,如今它已成为活生生的现实进入了千家万户。这个使人们过上冬暖夏凉舒服日子的神奇物品,就是现在已经家喻户晓的电器——空调。

1881年7月,美国总统菲尔德在华盛顿车站遇刺受重伤,时值盛夏,闷热难耐,病床上的总统生命垂危。医生提出,只有降低室温才能为总统实施手术、挽救他的生命。美国政府便把研制室内降温设备的任务交给了工程师谢多。谢多曾在矿山工作过,接触过当时应用还不广泛的制冷设备,了解空气压缩制冷的原理。于是,他采用工业制冷用的空气压缩机,成功地使总统病房的温度从37℃降到了25℃。所以,人们一般认为,谢多是世界上第一台空调器的发明者。

而第一个空调系统是1902年由美国发明家威利斯·开利设计的。他的发明应部分归功于一个怨气冲天的纽约市布鲁克林区的印刷作坊老板。这位老板的印刷机由于空气温度与湿度的变化使得纸张伸缩不定,油彩对位不准,印出来的东西模模糊糊。他

早期的空调被用来调节生产过程中的温度与湿度

关键人物

威利斯·开利(1876~1950),美国发明家和工业家,奠定了空调技术的基本理论。

还在孩提时代,开利就对机械产生了非常浓厚的兴趣,他曾经计划制造机械动物。开利有个很大的优点,就是喜欢将复杂的难题分成若干个简单的部分逐一解决。他在高中毕业论文中曾经这样写道:"无论环境如何,一个拥有坚定意志的人可以做到任何他想做的事。"1902年的7月17日,开利博士用实际行动证实了他的这句话,他设计出了被世界公认的第一套科学空调系统。

壁挂式空调

成了开利的第一位主顾,为开利打开了空调商业化之门。自那以后的20年间,开利的空调逐渐被用来调节生产过程中的温度与湿度。空调的第一个大主顾是美国南方的纺织厂。由于空气湿度不够,梭子摩擦产生的大量静电使成品布产生大量的绒毛,降低了布匹质量,然而这一令人大为头痛的问题被空调迎刃而解了。自那以后,空调开始向诸多行业进军,如化工业、制药业、食品业……值得一提的是,空调发明后的20年间,享受的对象一直是机器,而不是人。

随着业务的不断拓展,开利与6个朋友集资3.2万美元,于1915年成立了开利工程公司。当年,底特律著名的哈德逊百货公司定期在地下室举行甩卖会,但是,因空气闷热而频频出现有人晕倒的现象。1924年,这家公司安装了三台离心机。此举大获成功,空调成了商家吸引顾客的利器。

20世纪20年代的娱乐业一到夏天就一片萧条,因为没人乐意花钱买热罪受。1925年的一天,开利与纽约里瓦利大剧院联手发动了一轮密集的空调广告轰炸,打出了保证顾客"情感与感官双重享受"的口号。那一天,里瓦利大剧院外人山人海,几乎人人都带着把纸扇以防万一,然而跨入剧院大门的一刹那间,清凉彻底征服了观众。空调自此进入了迅猛发展的阶段。

>> 更多介绍

空调系统除了具有室内温、湿度调节的特点外,还具有集中控制、新风处理等功能,工程上把这种集中式或半集中式的系统统称为"中央空调系统"。现在的中央空调系统可使100层的办公大楼变得凉爽或温暖。对于手表、精密仪器的生产车间、信息处理中心、大型计算机机房来说,空气调节系统已是必不可少的设备。家用空调的研制始于20世纪20年代中期,但随之而来的经济大萧条和接踵而至的第二次世界大战打断了家用空调的普及。直到战后的50年代经济腾飞,家用空调才开始真正走入千家万户。

19世纪空气压缩机的研制成功,为空调器诞生奠定了技术基础。

洗衣机

现在，即使在普通家庭里，洗衣机也已经是很平常的家用电器了。可在过去漫长的岁月中，洗衣实在是一项繁重的家务活。分拣、浸泡、揉搓、漂洗，每一个步骤，都得依靠手工劳作。洗衣机的发明使洗衣这项枯燥的工作落到了机器身上，大大降低了人们尤其是妇女的劳动强度，洗衣从此不再是妇女们必须从事的一项日常工作了。在以后的岁月里，洗衣机将家庭妇女从繁重的家务中解放出来，使她们能和男人一样平等地工作和参与政治生活，从这个意义上说，洗衣机已成为改变妇女命运的一项神奇的发明。

早在1677年，人们就把衣物放在袋子里，其一端固定，另一端用一个轮子和一个圆筒来拧，这是一种尝试性的机械洗衣法。

直到1782年，英国家具商西格尔设计出一种原始洗衣机。在六角形木桶内装置一个用木条制成的盒子，盒子两端有支点，可用手柄翻动盒里的衣物，注水、放水都要用手，而且得花很长时间才能把衣物漂洗干净。衣服洗净后，先放在手转绞扭器的两个木滚筒之间压干，然后再放在绳上晾晒。对于床单、桌布等大件织物，洗净晾干后，就折叠起来，卷绕在木滚筒上，用一个内装石子的2米长木盒轧平。

1858年，美国匹兹堡的史米斯制成机械化洗衣桶和捣衣杵。他用一个竖立的木桶，以手摇曲柄转动桶里的捣衣杵搅动衣服。1863年，他又添加了一个回动齿轮，使捣衣杵能前后转动。

随后，英国出现了一种铸铁洗衣锅，下面装有把水加热的煤气喷嘴，但衣物必须用捣衣杵搅动。

早期的洗衣机还称不上"洗衣机"，只是洗衣的机械装置而已。到了1874年，美国一位玉米播种器的制造者比尔·布莱克斯特发明了一种木制洗衣机，它已经具备了现代洗衣机的雏形。这种洗衣机的主体是一个不漏水的木桶，桶中心底部的转轴上装有6张叶片，摇动手柄，即可通过齿轮机带动叶片，拖着衣物在木桶中翻转、相互摩擦，这样，可以靠水流的冲刷而达到洗涤的目的。

1906年，美国芝加哥人费歇设计出了世界上第一台电动洗衣机。在原来洗衣机的基础上，费歇做这样的设计：其外形呈圆桶状，内装一部电动机和一根带刷子的主轴，电动机驱动刷子转动和搅拌，从而带动桶内的水和衣物旋转，并刷洗衣物。费歇发明的搅拌式洗衣机促进了洗衣机的发展和实用化，同时大大减轻了人力的

第一代洗衣机仅仅是一个装有手柄的木箱

付出。从现在的水平看，这种电动洗衣机结构非常简单，但在洗衣机发展史上，却具有很重要的意义，不过由于当时电力供应未能普及，所以直到1927年，在偏远的美国农村仍流行手摇洗衣机或汽油发动机带动的洗衣机。

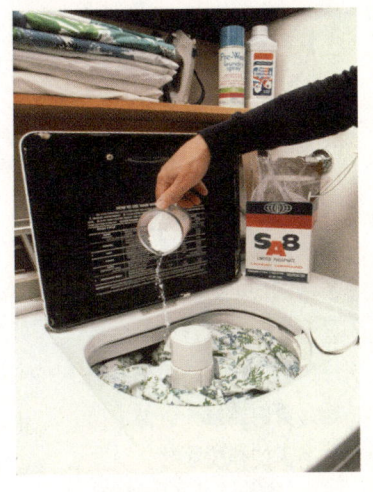

随着机械设备精密度不断提高，科学家们也以巨大的热情投入到洗衣机的研究中去。1922年，美国的玛依塔格公司将洗衣机改进为搅拌式，即在洗衣筒中心装一立轴，其上安有搅动叶，由传动机带动它有规律地正反向旋转，不断使水流和衣物强烈翻搅、碰撞、摩擦，以达到洗净衣物的目的。

20世纪70年代的全自动波轮式洗衣机大大提高了洗衣效能

同时，英国出现了滚筒式和喷流式洗衣机，而且一直沿用至今。如今，随着电子工业的发展，采用微电脑技术控制的洗衣机也在慢慢地"飞入寻常百姓家"。

>> 更多介绍

很长时间以来，波轮洗衣机一直在我国洗衣机市场上占据着绝对的优势。但是随着改革开放的深入和人们生活水平的提高，人们纷纷开始使用更高档的、适合中国家庭使用的滚筒洗衣机。

滚筒洗衣机起源于欧洲。20世纪80年代中期，我国第一次引进欧洲的滚筒洗衣机生产线，到了90年代中后期，滚筒洗衣机已逐渐成为各大城市消费者购买洗衣机的首选。在这期间，中国的一些知名企业适时地推出了一系列适合国人洗衣习惯的个性化洗衣机，尤其是海尔推出的"小俪人"顶开式滚筒洗衣机，更是开创了中国滚筒洗衣机发展史中的一个崭新时代，它兼具滚筒机与波轮机的两大优点，为滚筒洗衣机在中国的普及探出了新路。

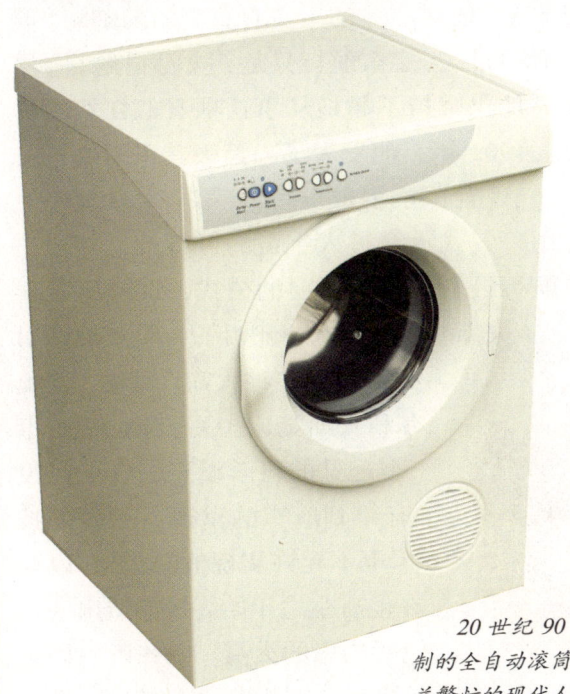

20世纪90年代，以电脑控制的全自动滚筒式洗衣机，为日益繁忙的现代人减轻了负担。

火箭

人类的祖先很早就对神秘的宇宙产生了浓厚的兴趣。清幽娴静的月亮，在闪烁的群星中显得特别明亮。人类把探索太空的梦想编织成一个个美丽的神话，传诵了一代又一代；想象月亮是个美丽的神话世界，上面有翩翩起舞的嫦娥……为了揭开宇宙的神秘面纱，科罗廖夫、罗伯特·戈达德、赫尔曼·奥伯特和韦尔纳·冯·布劳恩等一大批极具天赋的火箭研究专家，展开了一场以航天器为主的航天技术革命，实现了人类的登月之梦，完成了从前只能在神话传说中令人遐想的伟大壮举。从此，广阔无垠的宇宙空间开始成为人类活动的新疆域。

火箭从诞生到今日的发展，经历了漫长的过程。大约在中国宋、元朝时，由于战事频繁，出现了一种利用燃烧火药产生巨大威力的军事武器，这是人类最早的原始火箭。

中国古代科学技术在世界的领先地位是毋庸置疑的，但火箭得到迅速的发展却是在西方。20世纪初期一位科学家就曾大胆预言："地球是人类的摇篮，但人类不会永远生活在地球上。"他就是现代航天学和火箭理论的奠基人——齐奥尔科夫斯基。

齐奥尔科夫斯基

齐奥尔科夫斯基幼年时就聪明好学、有着丰富的想象力，他对浩瀚的星空有着美丽的幻想。但在他生活的时代，宇宙航行只是一个演讲题目。尽管如此，他仍坚持不懈地从事这项看似枉然的科学研究。1903年，他发表了一篇极其重要的论文《利用喷气装置探索宇宙空间》，第一次从理论上论证了用喷气式火箭进入宇宙的可能性，并提出了宇宙航行最基本、最重要的公式，即齐奥尔科夫斯基公式。他还证明了为脱离地球引力必须使用多种火箭。可惜，齐奥尔科夫斯基这些关于星际航行卓有远见的科学设想，在当时没有得到应有的重视，当时的技术也不允许实现他的构想，以至在他有生之年始终没能造出一枚他所构思的火箭。但齐奥尔科夫斯基对空间技术的未来充满了信

喷气式火箭发射瞬间

心，先后写下了730篇论著。他的远见卓识不愧为宇航领域中的一位天才、世界公认的"宇航之父"。

现代火箭航天技术的先驱齐奥尔科夫斯基设想的液体火箭，20多年后终于由美国人罗伯特·戈达德首先研制成功。1918年11月，戈达德在马里兰州的阿伯丁测试场成功发射了一枚固体火箭。年底，戈达德又开始拟定一项使用液体燃料为推进剂的火箭计划。然而这个设想运作起来非常困难。在经过多次实验后，他决定以汽油作为燃料，并以液态氧为氧化剂。

1926年3月16日下午2点30分，在美国马萨诸塞州偏僻的沃德农场，戈达德在助手的帮助下，花了一个上午的时间，把火箭装到火箭发射架上，戈达德小心翼翼地点燃点火器，只见火箭"嗖"的向上冲入蓝天。一开始它升得很慢，接着变成高速行进，达到12.5米的高度，时速约为97千米，2.5秒之后，火箭以高速向左边又水平飞行了56米，最后坠毁在一片菜地里。

虽然整个飞行时间仅仅几秒钟，然而，在这短短的瞬间，这枚小小的火箭已经创造了历史，成为了世界上第一枚成功飞行的液态燃料火箭。戈达德一生在火箭技术方面共取得了212项专利，创造了令人敬畏的成果，成为液体火箭的创始人。

>> **更多介绍**

20世纪70年代初，我国凭借自己的力量，成功发射了第一枚"长征一号"运载火箭，一跃而成为世界上第五个独立研制和发射人造卫星的国家。30年间，中国共研制成功了12种型号的长征系列运载火箭，覆盖了近地轨道、太阳同步轨道、地球同步静止轨道的全部轨道范围，运载能力大幅度提高，适应了发射不同轨道和不同重量人造卫星的要求。

如今，我国已经拥有了酒泉、西昌、太原三座发射基地，运载火箭的发射和测控技术已经达到了世界先进水平。

1926年3月16日，在马萨诸塞州的奥本，冰雪覆盖的草原上，戈达德发射了人类历史上第一枚液体火箭。

电视机

19 世纪末到 20 世纪初，"用电来看东西"是许多科学家的梦想。为此，他们付出了艰辛的努力。那时，他们还不知道他们要发明的东西叫电视机。回顾电视机的发明历程，我们发现：电视机不是某一个人在某一天突然发明的，而是许多科学家、发明家几十年的劳动成果。

1873 年，英国科学家史密斯发现，硒具有在光照下可增加自身导电性的光敏性，此后，关于电视的设想便纷纷出台。俄裔德国科学家保尔·尼普科的中学时代正处在有线电技术迅猛发展时期，电灯和有轨电车的出现、电话的普及给人们的生活带来了方便。后来他来到柏林大学学习物理学。1883 年，他在思考电视构造时，想到了硒这种特殊的物质。

1884 年，尼普科制成了"扫描盘"。他在一个圆盘上设一圈沿螺旋线排列的孔径。当图像投射在旋转的圆盘上，孔径便以一系列平行线扫描图像。光通过孔径落在硒光电池上，就会改变电流大小。而接收一方则与发射一方的圆盘同步，被安放在光源前，被改变大小的光源投射到接收端，图像的传输就实现了。尼普科将画面用扫描来表现的思想对现代电视技术的影响是巨大的。

苏格兰人贝尔德最大的贡献是在尼普科扫描盘上安装了放大器，使影像更清晰。1927 年，他利用电话通道进行图像传送实验。1928 年，他将图像传送到远航大西洋的轮船上。1929 年，他又成功地做到同时传送图像和伴音……上述实验，都是用机械转换装置来进行图像传送和接收的，与现代全电子式的电视技术是不同的。

1926 年，贝尔德发明的机械电视机。

在犹他州比弗，14 岁的法恩斯沃思对电子世界充满了向往和热爱。而他也注定要改变 20 世纪的命运。

后来，在布里梅姆杨大学，科学家们对法恩斯沃思出众的才华感到惊讶。他的想法是利用透镜看到影像，然后投射到感光板上，阴极管发出一束快如雷电的电子，它能够扫描感光板上的影像，并能从感光板上回弹，反映影像的明暗区域。而阴极管里的电子则会转化成电子脉冲，然后送到发射台，发出电波，这个影像就会随着电波被传送到接收器，影像或信号被扩大，放射到化学处理的阴极管里，就会跟它投射时的一样，以此完成影像的传送和接收。最终，法恩斯沃思得到了电视

法恩斯沃思与他发明的电视机

发明的专利权。

　　1930年初，美国无线电公司拥有最大的广播网络，年轻的俄罗斯移民萨尔诺夫是该公司的领导人。他希望电视能进入大部分美国家庭。但此时最大的障碍就是传送信号不稳定、画面不够鲜明。1936年7月7日，他利用代号"W2XBS"试验性播出。第二天，《前锋论坛报》讥笑那模糊的影像，《泰晤士报》则认为这次示范十分有趣，市民们纷纷购买报纸了解相关信息。

　　在1939年纽约世界博览会上，为推广这项发明，无线电公司低价出售电视并宣布在美国开始定期播出节目。

　　1950年，哥伦比亚广播公司的工程师将黑白影像变成了彩色图像，他们准备击败萨尔诺夫。在彩色电视方面的竞争中，颜色是成败的关键。萨尔诺夫和他的工作人员通过废寝忘食的工作，发明了全新的程序，最终将完整连贯、五彩缤纷的电视节目呈现在了大众面前。

　　直到今天，彩色电视机仍被视为工业历史中最神奇的发明。联邦通信委员会别无选择，他们必须承认及宣布萨尔诺夫的标准是新标准。萨尔诺夫再次胜利了。

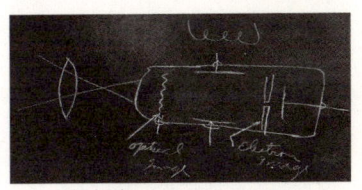

电视投影示意图

1933年，萨尔诺夫（左）与马克尼在纽约的美国无线电公司的合影。

>> 更多介绍

　　法恩斯沃思是美国电视界的天才。1922年，年轻的法恩斯沃思将自己对电视的想法画成示意图交给了托尔曼先生。当时，谁也不会对这样的示意图产生更多的想法。后来，当法恩斯沃思即将成功之时，却遇到了竞争对手兹沃尔金，因为他们两个人的电视系统差不多在同一时间开始工作。这场争论最后不得不诉诸于专利权法庭。法恩斯沃思胜利了，决定性的因素在于他高中时的科学老师，这位细心的老师将法恩斯沃思14岁时的构想保存了下来，就是这幅最初的草稿证实了他是最早开始发明电子电视的人。

早期的电视机

复印机

最早的复印机是将硼砂、贝壳、核桃研磨成粉，与蒸馏水配制成油墨，再将复印机浸透油墨，然后将需要复印的手稿或图纸放在复印机上，与复印纸贴在一起，这样便可得到一张复印原件。由此我们可以看到，最早的复印机一点也不自动化，不仅复杂而且速度慢。直到1944年，德国人米勒发明了不需要冲洗的影印法，利用红外辐射直接将原件复印在经过热处理的白纸上，无需使用底片，也不需避光，才使复印过程向前迈进了一大步。

1938年，美国一位名叫切斯特·卡尔森的律师，为了把专利文件印得又快又好，经过努力，他利用静电电荷能将墨粉附着到纸上的原理制造出了一台复印机。

在此之前，为节省开支，卡尔森每次去图书馆都将教科书和各种参考资料辛苦地抄写下来。在工作中，卡尔森也要经常复制大量的资料，当时复制文件主要依靠照相和影印技术，不仅价格高，而且又耽误时间，给工作造成了许多不便。卡尔森常想："如果有这样一种机器，只要把图纸和文件塞进去，一按电钮就能复印的又快又好，那该多好啊！"

卡尔森有了发明的想法后，立刻有条不紊地去图书馆详细地查阅有关复印技术的大量资料，以便确定自己的研究方向。在将近4年的时间里，卡尔森在与以前的照相复制技术、热导复写技术的反复对比下，为自己选了一个研究方向：利用光电效应来进行复制。

研究方向确定以后，卡尔森开始全身心地投入到研究中去。尽管贫穷的卡尔森没有实验室，只能在自己的小厨房里进行试验，但他依然坚持不懈地完成一项项试验。终于功夫不负有心人，1938年10月22日，卡尔森的"静电复印机"制成了。卡尔森利用光电效应把图像或文字投影到一个半导体平面上，几秒钟后，有图像

切斯特·卡尔森和他的第一台复印机

关键人物

切斯特·卡尔森（1906～1968），美国物理学家。家境贫困迫使他很小的时候就肩负起家庭的重担。艰苦的环境磨炼了卡尔森的毅力，他刻苦学习，并最终坚持完成了学业。1930年，他在加利福尼亚理工学院获得了物理学学士学位。1940年，他获得了静电复印发明的专利权。

卡尔森有这样一句名言："我在贫困中长大，变卖发明成果成为我仅有的几个可能谋生手段之一，这样做能迅速地改变我的经济状况。"贫困也许是他发奋的动因，而坚持不懈的探索却是他最真实的行动。

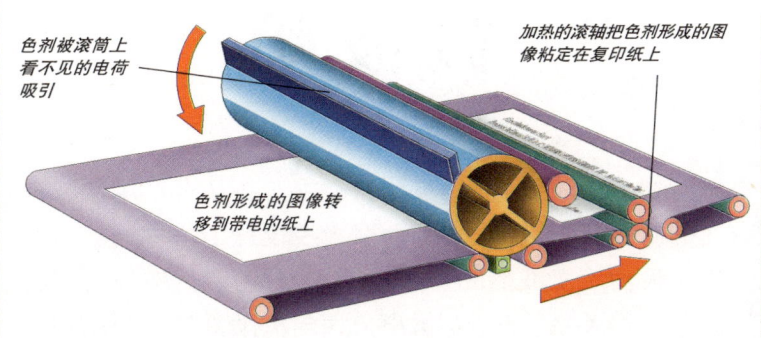

复印机原理示意图

或文字的部位因为光线受到黑墨水的阻挡而带有静电。随后，为该平面涂一层反光负载粉，带电荷区域迅速将这些反光负载粉吸附，由此得到一张粉图，最后将粉图移印至白纸上，加热定影，最后纸上就复现出了同样的字迹。卡尔森的第一次试验成功了。

然而，卡尔森没有料到，他的发明历经周折后才问世。1949 年，世界上第一台干板式光电复印机由美国的哈曼德公司投产。1959 年，哈曼德公司推出了卡尔森成熟的发明——施乐 914 型静电复印机。施乐复印机一经推出便大获成功，哈曼德公司也改名为施乐复印机公司，从而由一家小公司成为跨国大公司。现在，多方面用途的复印机相继出现，它们能根据需要，用不同大小的纸张进行复印、放大图像，有的甚至能进行彩色复印，但我们永远不会忘记饱含着卡尔森心血的最初发明。

>> 更多介绍

自 20 世纪 50 年代美国施乐公司推出第一台商用复印机以来，复印机经历了 50 多年的风风雨雨，复印技术日趋完善。据不完全统计，全世界共有几十家公司独立生产近千个型号的复印机。

如果按照复印机显影方式来分的话，仅仅有单组分和双组分两种，大部分佳能复印机都是单组分复印机。例如 NP1215 复印机，施乐公司也有单组分复印机，而 5017 和 5317 双组分复印机以美能达和理光最为典型，还有美能达 EP—3170 和理光 FT—4490 等等；以复印机复印的颜色来分类的话，有单色、多色及彩色复印机之分。以复印机尺寸来分，有普及型（即可以印 A3 纸）、手提式复印机及大工程图纸复印机（可印 A2 以上纸张）。以复印机使用纸张来划分，可分特殊纸复印机及普通纸复印机。特殊纸一般指可感光的感光纸。普通纸是指普遍使用的复印机；按成像处理方式来分，可以分为数字式和模拟式复印机。第一部数字式复印机于 1991 年由日本佳能推出。市面上的复印机大多为模拟式复印机。

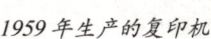

1959 年生产的复印机

微波炉

在现今繁忙生活中，事事要求高效率，微波炉的发明，带来厨房工作的简洁与方便。它不仅将妇女们从厨房里解放出来，而且还改变了人们几千年的烹饪模式，给人类带来了全新的烹调理念。有了它，做饭这样枯燥的工作也可以成为人们享受生活的一项重要内容。如今，微波炉已进入千家万户，成为家喻户晓的厨房好帮手。

20 世纪 20 年代，英国科学家正在从事军用微波雷达的研究。伯明翰大学的两名教授设计了一种能够高效产生大功率微波能的空腔磁控管，并与美国雷声公司建立了合作关系。不久，雷声公司与英国签订了制造磁控管的合同。

当时雷声公司有一位名叫佩西·斯宾塞的研究员。1945 年的一天，斯宾塞正在做雷达起振实验时，猛然发现上衣口袋处渗出了暗黑色的"血迹"，用手一摸，胸部还是湿糊糊的。他立刻紧张起来，但稍一思索他就明白了，原来这只是一场虚惊，那只不过是放在口袋里的巧克力融化了而已。

可口袋里的巧克力为什么会融化呢？斯宾塞抓住这一现象进行了认真的分析和研究。"难道是微波起的作用？"斯宾塞的脑子里突然闪过这个念头。经过仔细观察，他发现微波在与物质的相互作用中被物质吸收并在物质内部传递而产生热效应，能使周围的物体发热，于是，聪明的斯宾塞决定研制一种能利用微波的热量来烹饪的炉子。几个星期后，一台简易的微波炉就制成了。接着，斯宾塞便用姜饼做试验。他先把姜饼切成片，然后放在炉内烹制。

关键人物

佩西·斯宾塞（1894 ~ 1970），是一名来自美国马萨诸塞州的发明家，他一直为一家雷达设备制造公司效力。1945 年，一个偶然的机会，斯宾塞发现微波可以融化食物，经过努力，他终于制成了微波炉。由于用微波炉烹饪既快速、方便又清洁，因而深受欢迎。目前发达国家几乎家家都有微波炉，在中国也相当普遍。微波炉已成了现代生活的象征之一。

在烹制过程中他屡次变化磁控管的功率选择最适宜的温度。经过多次试验，姜饼终于熟了，并且香味充满了整个房间。

微波炉最早被称为"雷达炉"，原因是微波炉的发明来自雷达装置的启迪，后来正名为微波炉。1947 年，斯宾塞所在的雷声公司正式推出第一台商用微波炉，供饭店和团体使用。然而早期的微波炉由于成本太高、寿命短，未能被市场接受。

1965 年，乔治·福斯特对微波炉提出了改进意见，并和斯宾塞一起设计了更耐用，而且价格比较低廉的微波炉。1967 年，一种家用的售价低廉的微波炉开始推向市场，当年销售量就超过了 5 万台，以后销售量逐年大幅上升，并逐渐走入了世界各地的普通家庭。

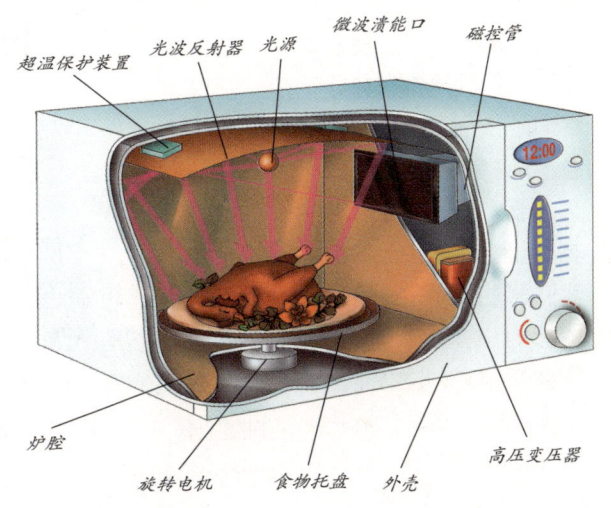

微波炉的内部结构示意图

现在常见的家用微波炉

>> 更多介绍

微波炉的上方和侧面装有磁控管，通电后产生的微波能穿透食物，使食物内的分子产生高温振荡、摩擦生热，将食物煮熟。

用微波炉烹饪时，热量可以直接深入食物内部，不像传统烹饪需要依靠热量由外向内传导，所以烹饪速度比其他炉灶快 4～10 倍，热效率高达 80%以上，并且不会出现外焦内生的现象。与传统烹饪的食物相比，微波炉烹制的食品具有色、香、味俱全，不易霉变的优点，且由于不用加水，可使易溶于水、不耐热的维生素损失少，蛋白质、脂肪等营养素含量基本保持不变。

微波炉的优越性能，使它在家居生活中扮演的角色越来越重要，已经逐渐成为了人们离不开的好帮手。

机器人

机器人的诞生，使人类有可能摆脱往日枯燥的劳动，帮助人类实现自己无法完成的工作。今天，机器人已不再是一种工具，而是人类的朋友，它和我们共同生活在这个美丽的星球上。你能想象吗？在浩瀚的海洋中，机器人正在代替人类进行勘探工作；在密密麻麻布满了坑洞的月球表面，机器人正在为人类建造一个永久性的基地；在未来的战场上，一种外形酷似昆虫的机器人战士，正在悄悄地潜入敌方内部……不要以为这是来自某人的虚构，其实，这是正在或即将成为的现实。

早在 3 000 多年前，中国一位名叫偃师的工匠曾用木头制出了一个能歌善舞的小木人，这个灵巧的小木人虽然与现代机器人并无多少关系，但它却反映出古人们希望通过"造人"来给自己增加乐趣的美好愿望。

据说，在 16 世纪末的德国，一位名叫克里斯特法·列斯勒的人制造了一个自动玩偶。这个玩偶高约 1 米，通过发条和齿轮装置的控制，玩偶可以用右手握笔写字。毫无疑问，这个精巧的自动玩偶对数百年后机器人的研制具有重要的启迪作用。

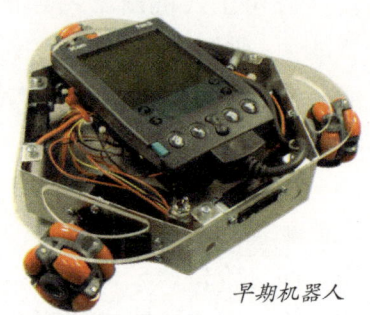

早期机器人

直到 1959 年，美国人英格伯特和德沃尔制造出世界上第一台工业机器人，机器人的历史才真正开始。

英格伯特在大学期间攻读的是伺服理论，即一种研究运动机构如何才能更好地跟随控制信号的理论。德沃尔则于 1946 年发明出一种可"重演"、可记录机器运动的系统。8 年后，德沃尔又获得了可编程机械手臂的专利，这种机械手臂可以按程序进行工作，并且可依据不同的工作需要编写不同的程序。当时，英格伯特和德沃

关键人物

乔·英格伯格，1925 年 7 月出生于美国的布鲁克林，毕业于哥伦比亚大学。第二次世界大战后，在一家公司工作。1956 年以后，他开始与本国工程师乔治·德沃尔密切合作，两人共同设计了一台工业机器人，3 年后，他们终于造出了世界上第一台名叫"尤尼梅特"的工业机器人，意思是万能自动。

英格伯格和德沃尔筹办了尤尼梅特公司，这是世界上第一家专门生产机器人的工厂。为了推广机器人，英格伯格于 1967 年到日本宣传介绍机器人。日本 600 多人听了他的演讲。从此，英格伯格被人们誉为"美国机器人的元老"。

尔都在研究机器人,并且达成了一种共识——汽车工业最适于用机器人干活,因为汽车生产的工序较为固定。于是,他们两人决定联手共同致力于工业机器人的研究。

1959年,人类历史上第一台机器人终于诞生了,它被人们称作"尤尼梅特"(UNIMATE),即万能自动之意。"尤尼梅特"的运动系统是参考坦克炮塔的运动制成的,它的基座上有一个大机械臂,臂可以回转、俯仰和伸缩。人们只需用控制手柄发出指令,"尤尼梅特"就可按照要求自动完成任务。

1962年,美国的机械与铸造公司也制造出一种名叫"沃尔塞特兰"的机器人,意为多用途搬运工。它的工作原理与"尤尼梅特"相似,主要被用作抓取和运送工件。从这之后,世界各国都开始竞相研究和开发机器人。时至今日,机器人已初步形成了一个近百万人的"王国"。尤其值得一提的是第三代机器人,它们不仅拥有广泛的感觉系统,有记忆、推理、判断环境状况的能力,甚至还有自我意识。毋庸置疑,这支新兴的工业大军正为改进我们的生活发挥着重要的作用。

工业上用的机器人

>> 更多介绍

1920年,捷克斯洛伐克作家萨佩克写了一部名为《洛桑万能机器人公司》的剧本,他把在洛桑万能机器人公司生产劳动的那些家伙取名"Robot",意为奴隶。萨佩克把机器人的地位确定为只管埋头干活、任由人类压榨的奴隶,它们没有思维能力,不能思考,只是类似于人的机器,很能干,以便使人摆脱劳作。"机器人"的名字也正是由此而诞生。

现在越来越高级的机器人

指南针

指南针是中国历史上的伟大发明之一，也是中国对世界文明发展做出的一项重大贡献。如果没有指南针，历史上可能不会出现郑和七下西洋的壮举；如果没有指南针，寻找黄金、白银、香料或神奇的国度，这些也许永远只能成为文艺复兴时代探险家们的梦想。指南针的发明是我国古代劳动人民同大自然长期斗争的结果，也是我们祖先认识自然、改造自然的结果。对于指南针的发明，马克思曾有这样的评价："指南针打开了世界市场，并建立了殖民地。"

司南

司南是我国春秋战国时代发明的一种最早的指示南北方向的指南器，还不是指南针。根据春秋战国时期的《韩非子》书中和东汉时期思想家王充写的《论衡》书中记载，说明司南是利用天然磁石制成汤勺形，勺底为球面体，勺呈椭圆状，勺柄通体渐渐缩成柱状，并由其指示南方。

在春秋战国时期的《管子》书中和《山海经》书中便有了慈石的记载，这一时期的《鬼谷子》书中和《吕氏春秋》书中还进一步有了磁石吸铁的记载。可以说，司南是古代最早的磁指南器。

在我国历史上，还有关于指南车的记载。传说黄帝和西周周公曾制造和使用指南车，但经过后来的文献考证和模型制作实验，证明指南车和指南针没有关系。汉代以后的指南车是依靠机械结构，而不是依靠磁性指南的。

由于司南是用天然磁石制造的，在矿石来源、磨制工艺和指向精度上都受到了很多限制。因此到了北宋时期，人们利用人造的磁铁片和磁铁针以及人工磁化的方法成了在性能和使用上比司南先进的指南鱼和指南针。指南鱼的制作方法是将铁片剪成首尾两端尖细的鱼形，放到炭火中烧红后取出，使尾部指向北方斜放到水中。这样指南鱼放到碗里就可以指示南北方向了。

指南鱼发明后不久，制法简单、使

现在用的指南针

用方便的指南针紧跟着就问世了。指南针最早是在北宋著名政治家和科学家沈括的著作《梦溪笔谈》中提到，书中说利用天然磁石磨铁针，受磨的铁针就具有了磁性而指向南方。

指南针

指南针有四种用法，一种是将指南针放到指甲上的指抓法；一种是将指南针放到碗口边上的碗唇法；一种是将指南针悬挂在新蚕丝上，用蜡粘住的缕悬法；还有一种是将指南针横贯灯尺而浮水面的浮针法。书中还指出指南针并不是完全指向南方，而是略微偏东。这是正常的磁偏角现象。

指南针在11世纪已经是常用的定向仪器。它的出现，大大促进了航海业的发展。据考证，11世纪末，指南针就开始用于航海了。到了大约12世纪末13世纪初，指南针由海路传入阿拉伯，然后由阿拉伯传入欧洲。

>> **更多介绍**

其实，并不是只有指南针才可以确定方向。早期的航海家们由于没有先进的导航装置，所以他们通常沿着海岸线航行，以便晚上可以靠岸停泊。他们在航行的时候，主要是观察四处可见的路标，或是听领航的音响，就知道船在什么地方，从而调整相应的航线。此外，他们还采用测深索选择航道。测深索的一端系一铅制重物，底部挖空，沾上一块兽油或油蜡。根据测锤上的油蜡是否被弄污和带起的泥沙来判断船所处的位置。

古代的航海家白天还根据太阳的方位大致决定航向，晚上就靠星辰导航。他们发现了像北极星那样位置确定、似乎在天空中从不移动的星星。他们认为，要把握住向东或向西的固定航线，必须确实使自己总是处在北极星每夜都与地平线保持相同距离的位置上。他们一旦确认了某岛的纬度，要航行到哪里去就变成很简单的事情了。

航海家冒险驾帆远离陆地或者迷失方向时，他们还有其他挽救方法。水手靠观测云情、洋流来探清航线。在陆地上空升起很高，形似堡垒的对流云说明在远方地平线下肯定有环状珊瑚岛；经验丰富的水手还能感觉到洋涌和极轻微的洋流，借此导航；另外还可以根据陆地上飘来的各种花香来判断陆地所处的位置或船所处的位置。

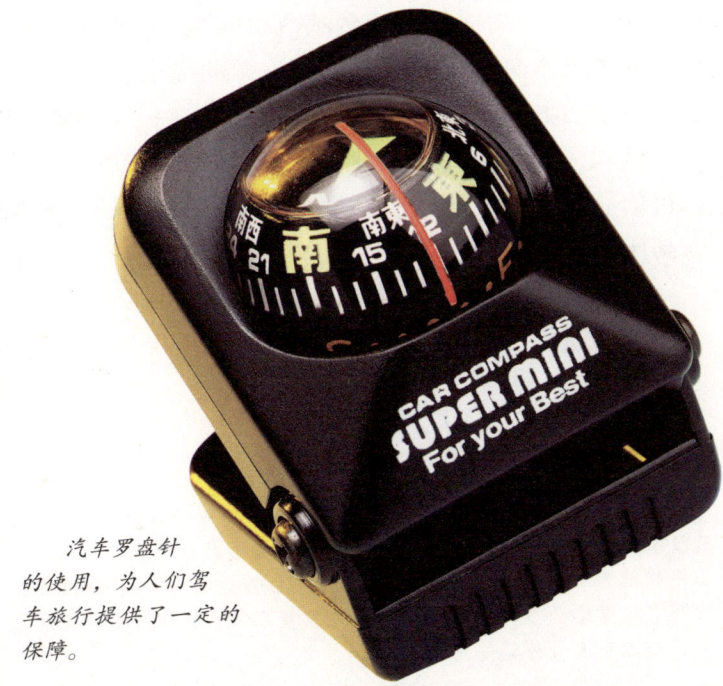

汽车罗盘针的使用，为人们驾车旅行提供了一定的保障。

蒸汽机

生活在 20 世纪 90 年代的人已经对电气带给人们的各种舒适的生活习以为常，电已经成为人们生活中不可缺少的一部分。与此同时，聪明的人类继续着自己探索的脚步，他们不断开发新的能量资源。在人类漫长的历史进程中，还有一个蒸汽机时代。蒸汽机的发明和完善，使人们离开了手工作坊走进了机械化的工厂。这个划时代的变革，在历史上被称为工业革命。工业革命的开始，宣告人类已经告别了石器时代和铁器时代，走进了一个充满活力的蒸汽时代。一座座工厂从原野上耸立起来，机器的轰隆声惊醒了沉寂的山坳，人类的生活开始发生着巨大的变化。直到20世纪初，蒸汽机仍然是世界上最重要的原动力，后来才逐渐被内燃机和汽轮机所代替。

17 世纪上半叶，法国工程师巴本在使用蒸汽动力技术实用化方面迈出了一大步。经巴本的蒸汽机之后，英国工程师萨弗里发明了不带活塞的蒸汽泵。萨弗里的蒸汽泵解决了当时矿工用传统的提水机械来排水时需要动用大量的人力和畜力。1689 年，萨弗里获得了该项专利。蒸汽泵也是第一台投入实用的蒸汽机。

蒸汽机的下一步改进是由英国工程师纽可门完成的。萨弗里的蒸汽泵激发了纽可门的灵感，使他在这一领域里创造出了更好的蒸汽机。为改进蒸汽机，纽可门曾专门拜访了年迈的科学家胡克，并与萨弗里一起探讨了改进方案。之后，他开始与一名水管工人着手制造一种改良的蒸汽机。终于在

纽可门蒸汽机

1705 年，他们制造的第一台蒸汽机问世了。这台蒸汽机吸取了巴本蒸汽机和萨弗里蒸汽泵的优点。纽可门的创造在于，他在一个带活塞的汽缸里装有一个冷水喷射器，这大大提高了冷凝速度，；另一方面，纽可门的蒸汽机依靠的是大气压力而不是蒸汽压力工作原理，不存在高压蒸汽的危险性。

又过了半个世纪，工业生产对于动力机器的需要空前增长，纽可门的蒸汽机远非完美，它仅仅只能把 1%

关键人物

1736 年 1 月 19 日，瓦特出生在苏格兰伦弗鲁郡的格里诺克。他在 1764 年到 1790 年间完成了对蒸汽机的整套发明过程，并取得了蒸汽机的专利。同时，瓦特也获得了各种荣誉，在 1784 年当选为爱丁堡皇家学会会员，1785 年当选为伦敦皇家学会会员，1814 年成为法国科学院 8 位外籍院士之一。

的热能转换为机械能，因此耗费了大量的燃料。此时，为了满足新的需要，瓦特蒸汽机应运而生。

1763年，瓦特受命修理格拉斯哥大学的一台纽可门蒸汽机，这次机会使得瓦特有幸能够仔细研究纽可门蒸汽机的结构。结果，瓦特发现纽可门机的汽缸内冷凝蒸汽使热量浪费太大，白白消耗燃料。1765年，瓦特想出了把汽缸内冷凝蒸汽改为分离的密闭冷凝蒸汽。

瓦特对纽可门蒸汽机进行改造

瓦特旋转式蒸汽机

1769年，瓦特造出了第一台样机，并获得了发明冷凝器的专利，但瓦特并不满足于这一成绩，因为他还没能造出足以让矿山主争相购买的蒸汽机。

1776年3月8日，这一天是瓦特终生难忘的日子，他首次创造的蒸汽机在煤矿开始运行了。在此之后，瓦特又对蒸汽机作了多方面的改进。到1790年，瓦特机几乎全部取代了老式的纽可门机，到19世纪末，具有几百千瓦功率的蒸汽机车也不再稀奇了。虽然，后来电力逐渐替代了蒸汽的力量，但我们绝不能忘记是瓦特蒸汽机为人类开启了机械化时代。

改进后的蒸汽机车

>> **更多介绍**

瓦特蒸汽机带来了工业革命，使人类历史又向前跨越了一大步。但我们同样应该记住纽可门，因为他发明的常压蒸汽机正是瓦特蒸汽机的前身，其中凝聚了他多年的辛勤与汗水。

常压蒸汽机发明以前，纽可门发现，欧洲大批的矿主们没有办法把矿井中的积水抽出来，所以他决定利用蒸汽机来解决这个问题。纽可门花了整整10年的时间，最终制出了蒸汽机。

纽可门蒸汽机汽缸与一个像跷跷板一样的连杆相连，连杆的另一端连有一个用来抽水的水容器。在每个发动机活塞冲程中，当连杆连接蒸汽汽缸的一端向下运动时，就有45～90升的水被提上来。蒸汽被冲进活塞下方的蒸汽汽缸中，再开始新的冲程。

1712年，纽可门设计的蒸汽机在英国斯塔福总部的煤矿投入使用。不久，矿山和煤矿都装上了这种躯体巨大的蒸汽机。当时，这种机器在欧洲得到了广泛普及，其应用时间超过了50年，而且各大学校也安装了这种机器进行学术研究。

热气球

古代，女娲补天、嫦娥奔月、普罗米修斯飞天盗火……这些数不清的神话传说，都是人类期盼飞翔的美好愿望和朦胧幻想。1783年，热气球被发明出来，人们开始遐想建在热气球上的城市，也有比较实际的人想利用热气球探索神秘的北极，或将其改造成战场上的武器。那时，热气球俨然成了未来的象征，在人们眼中，未来似乎就是一个天空中到处飘着热气球的时代。

1782年，从事造纸行业的蒙哥尔费兄弟偶然发现，放置在炉火附近的纸箱受到壁炉中发出的热空气的影响，似乎要向上浮起。兄弟俩受此启发，动手制作了一只大气球，这只气球是用纸和亚麻布糊成，上面用画笔涂刷了花花绿绿的颜料，它直径约12米，底部开口，从地面燃烧湿草和羊毛，使冒出的热烟灌入气球使其上升。

1783年6月4日，他们在家乡做了一次公开表演，这只气球当众上升到约1830米的高空，在空中停留了10分钟，当热气消散后又回到地面。这一事件震惊了全法国，以后这种航空器就被称为蒙哥尔费气球。随后法国科学院邀请他们到巴黎进行一次公开表演。经过3个月的精心准备，蒙氏兄弟做出了可以载物的热气球。

1783年9月19日，在巴黎一个公园的广场上，当蒙氏兄弟往这个高达22.8米的气球的热灶上添加羊毛和干草时，热灶中喷出的热气和浓烟，将载有三位勇敢的"乘客"——一只羊、一只鹅和一只鸡的气球送上了天空。气球升到约450米的高空，在空中飘浮了8分钟，安全降落在距起飞地约3千米的地方。

动物已经升上了天空，那么人能否也能"飞"向天空呢？为了实现这个千年的梦想，蒙氏兄弟又动手制作了一只更大的气球，高度为20.7米，直径为13.6米，可以载两个人，而且可以在空中加燃料，使气球得以持续充气。

早期的热气球画像

交通篇

关键人物

约瑟·蒙哥尔费，于1740年8月26日出生在法国南部的一个小镇上。1745年1月6日，他的弟弟雅克·蒙哥尔费出生了。兄弟俩从小就喜欢幻想和冒险。蒙氏兄弟发明热气球的成就引起了欧洲各国的注意，从而推动了航空事业的发展。约瑟·蒙哥尔费被任命为科学院院士，雅克·蒙哥尔费则成为国家研究院通讯院士。

1783年11月22日，载着皮拉特尔和达朗伯爵的热气球终于升上了天空。该气球在巴黎上空飞行了25分钟，全航程为8千米。

在蒙氏兄弟向法国人民展示他们的神奇飞行物之后，法国科学院的一位年轻教授J·查理开始研究更先进的热气球——以氢气作为上升的动力，因为氢气比热烟气轻得多，纯氢的重量仅是空气的1/14，每1立方米氢气提供的浮升力比每1立方米100℃的热空气提供的浮升力大4倍。于是，查理便用绸布缝制了一个气球，模仿蒙氏兄弟，做了只容积约为40立方米的大气球，但填充的是氢气。

1783年8月27日，查理在巴黎放飞了气球，氢气球飘行了25千米，最后落在一个小镇上。

同年12月1日，查理和罗贝尔乘坐一个直径8.6米的氢气球在巴黎升空，短短的两个小时，在空中飞行了50千米，实现了人类第一次乘坐氢气球的飞行。

在现代，热气球被国际航联定为最安全的航天器。并广泛应用于体育、商业和高空科学探测与实验中。

1783年11月22日，载着皮拉特尔和达朗伯爵的热气球终于升上了天空。

现在的热气球

>> 更多介绍

热气球升空的主动力来自于燃烧系统，当燃烧系统燃烧丙烷或液化石油气所产生的热气装满了球囊，由此产生的升力就足以令热气球上升并承受载荷主体。热气球的飞行分为常规自由飞行和长距离飞行。用于短距离自由飞行的气球，多是由球囊和吊篮、燃烧器和燃料系统、系留系统、鼓风机等四大部分组成；而用作长距离飞行的热气球均采用两层气囊，气囊中填充氦气，两层气囊之间填充空气，下方安置燃烧器。整个飞行过程中，氦气气囊一直保持一定的浮力，此外，白天的阳光会对气囊间的空气加热，协助产生浮力。

降落伞

18世纪30年代,氢气球出现了,为人们探索升空道路提供了新工具,但氢气球常常发生爆炸等事故,威胁着升空者的安全。于是,聪明的人们不断探索,开始了对降落伞的研究。当加纳林从800米的高空被降落伞安全地送回地面时,人类就实现了从天而降的梦想。此后,降落伞开始广泛地应用于军事和航空领域,成为了飞行员生命的保护神。

传说我国上古时代,有个叫舜的人,幼年失去了母亲,父亲瞽叟娶了后妻并生了个儿子。此后,瞽叟偏爱后妻生的儿子而不喜欢舜,甚至想杀害舜。一天,瞽叟让舜去修粮仓。当舜爬到粮仓上时,瞽叟就放火烧粮仓,想烧死舜。粮仓的火势越来越猛,情急之下,舜将两顶斗笠牢牢抓在手上,然后像小鸟张翅一样,从粮仓上飘然而下。意外的是,他竟毫发无伤。尽管这只是一则传说故事,但它表明我国早在四千多年前,就对降落伞有过尝试了。

在我国的明朝时期,一些艺人创造了一个新的表演节目——跳伞。演员站在很高的搭台上,手握张开的特制雨伞往下跳,以博取观众喝彩。这种表演后来传到欧洲,被欧洲人改进,他们利用绸制的"翅膀",从教堂上、宫殿或塔上往下跳,进行杂技表演。

而试图凭借空气阻力使人从空中安全着陆的设想,首先是由意大利文艺复兴时代的巨匠达·芬奇加以具体化的。他设计了一种用布制成的四方尖顶天盖,人可以吊在下面从空中下降。这可以说是人类历史上初次尝试设计的降落伞。

第一个在空中利用降落伞的是法国飞船驾驶员布兰查德。1785年,他从停留在空中的气球上放下一个降落伞。降落伞吊着一只筐子,筐子里面放着一只狗。最后,狗顺利地着地。接着在1793年,他本人从气球上用降落伞下降,可是他在着地时摔坏了腿。这一年,他正式提出了从空中降落的报告。

当时的法国上流社会热衷于科学试验与探险活动,此时社会公众关注的热点是热气球升空试验。另外一个飞船驾驶员加纳林也做了类似于布兰查德的试验:让气球把人带到高空,再跳伞降落下来。他仿照当时阳伞制作了一把硕大的伞,用肋状物撑开,伞下系着一个小吊篮。他将站在吊篮里降下——因为他清楚地知道,在高

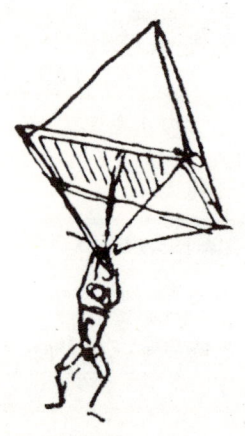

达·芬奇的降落伞草图

空中自己会无力用手抓住这样的一项大伞。

1797年10月22日，在巴黎的莱蒙公园上空，一只氢气球将加纳林带到了800米的高空。然后，加纳林一拉系在气球上的释放绳，他和降落伞便离开了气球，带着加纳林的吊篮缓缓下降。至少有数万人在场观看，为他欢呼喝彩，是这位英雄开创了人类从天而降的历史。

但是，此时在吊篮里的加纳林却没有半点成功的喜悦。由于降落伞中心没有排气孔，鼓足了的空气只能从伞侧逸出，这顶大伞被弄得晃来荡去，摇摆得很厉害。等这位首次跳伞的英雄落到地面时，他趴在吊篮口上呕吐不止，根本无法接受蜂拥而至的人群的祝贺。

19世纪时，跳伞几乎成了航空表演中一项不可缺少的节目。放飞气球时，气球下常带有一个吊架，降落伞松弛地系在吊架上，跳伞者被绑坐在吊架上。等气球升到高空以后，跳伞者便解开降落伞，跳下吊架。此时的降落伞已经改进，顶部开了导流孔，能够控制方向下落了，跳伞表演变得越来越自如和安全了。

人们运用降落伞进行跳伞活动

>> 更多介绍

降落伞由伞衣、伞绳、引导伞、伞衣套、伞包和开伞部件等部分组成。

降落伞发明仅仅几十年时间，跳伞运动便有了突飞猛进的发展。降落伞的形状由最初的圆形平面式（TV伞）发展到了伞顶凹陷式、圆锥形（PC伞），再到今日普遍流行的四方形高空伞（SC伞）。降落伞的操纵性能也有了极大的改善。大约在20世纪晚期，住在阿尔卑斯山脚下沙木尼小镇的法国登山家贝登利，曾用一顶方形降落伞从阿尔卑斯山上成功地飞降到山下，致使许多登山家们纷纷效仿。后来，降落伞被进一步改进，与滑翔翼的特点相结合，制造出了利用山坡地形起飞，能够在空中自由翱翔的滑翔伞，此后，降落伞还在不断地改进完备，成为一种用途广泛的航空器材。

蒸汽汽船

蓝色的大海不仅唤起了人们无穷的遐想,也唤起人们征服海洋的愿望。船只的出现,从一开始便充满了梦想、诗意与传奇,它载着人类的幻想与渴望四处远航。人类使用船舶作为交通工具的历史悠久,在经历了舟筏、帆船时代后,进入以蒸汽机为动力的机械动力船时代,即轮船时代。船舶的出现改变了人类对于世界的认识,将被海洋隔开的陆地重新连为一体,使人类与大自然更为和谐。

18世纪,瓦特蒸汽机被应用到轮船上。至此,一个改变世界的时代——蒸汽时代来临了。

18世纪末,法国人儒弗莱·达万设计制造了一艘木制轮船——"皮罗斯卡菲"号。船长约42米,重达180余吨,船上有一台蒸汽发动机,用活塞连接双棘轮机构,带动明轮转动而推动船只前行。1783年7月15日,就在"皮罗斯卡菲"号正式下水试航时,锅炉却发生了爆炸,"皮罗斯卡菲"号很快沉入了河底。

另一个蒸汽船的探索者是美国人约翰·菲奇。1785年,约翰·菲奇开始设想制造一艘真正的汽船,周游海上世界。于是,他四处奔波,最终获得了在新泽西、宾夕法尼亚以及纽约等州建船和经营航运的所有权。1788年,这艘梦中之船"实验"号诞生了。船长13.7米,两侧各安装6把长桨,用一根铁杆连接,依靠蒸汽机的活塞推动铁杆作水平运动,便可带动长桨一起划水。这艘蒸汽船能载33名旅客,在逆风中每小时航行3.5千米的路程。1790年,他又造出一艘时速12千米的明轮汽船,但因忽视了造船成本和经营费用,因而未能显示出蒸汽推进的价值。

约翰·菲奇的"实验"号

与菲奇具有同样悲惨命运的还有英国工程师赛明顿。1788年,赛明顿制造出了两侧均装有明轮的轮船"夏洛特·邓达斯"号。这艘船在首航成功后,又被加装了新型发动机,可是当这艘功率强大的庞然大物正准备在水上运输中大显身手时,却遭到了被禁止航行的厄运。陷入困境的赛明顿在悲愤中病逝于伦敦,而"夏洛特·邓达斯"号再也不曾被人理睬,它默默地停泊在河岸边那堆荒草丛中。

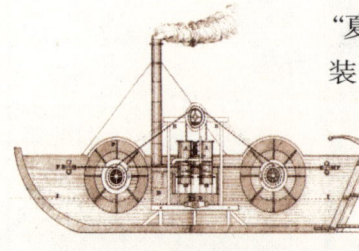

1788年,赛明顿制造出一艘两侧均装有明轮的轮船"夏洛特·邓达斯"号。

相比于前几位造船先驱的悲惨境遇,美国人富尔顿无疑是幸运的。作为世界蒸汽机船的鼻祖,

1807年，富尔顿建造的蒸汽轮船"克莱蒙特"号。

他赢得了全世界人民的尊敬。1786年，21岁的富尔顿结识了高效率蒸汽机的发明者瓦特。受瓦特的影响，富尔顿对船舶推进技术产生了浓厚的兴趣，后来在美国驻法公使利文斯顿的帮助下，富尔顿如愿以偿地开始了蒸汽机船的研究。

1807年，富尔顿建造了一艘长45米、宽9米、排水量100吨的蒸汽轮船"克莱蒙特"号。同年8月17日，这艘用单缸凝汽式蒸汽机驱动的汽船，由纽约驶往了奥尔巴尼。仅32个小时，它就完成了240千米的逆水航程。这次试航成功，意味着人类迎来了水上航行的机械化时代。

1808年，富尔顿又造了两艘轮船——"海神之车"号和"典型"号。逆水逆风之下，时速达到9.7千米，各项性能也更加完善。1809年，富尔顿组建轮船公司，广泛吸纳资金，建造各种蒸汽轮船。

富尔顿这一连串的成功，不仅震惊了世人，也震惊了美国海军。美国海军准备利用富尔顿的造船技术设计、制造新式的战舰和快速汽艇。1812年，为了对抗英国的封锁，富尔顿受命拖着患病的身体为美国海军设计出了快速军舰"德莫洛戈斯"号。这是世界上第一艘以蒸汽作驱动的军舰，航速为每小时11千米。富尔顿的努力，大大加强了美国海军的实力。

>> **更多介绍**

19世纪上半期，密西西比河上的蒸汽船是当时美国南北交通运输的重要工具。

密西西比河沿途流经十个州，全长4 108千米，是北美最长的河流。美国著名作家马克·吐温对密西西比河的航运有过很多描述，他本人也在密西西比河的蒸汽船上工作过，并且他还说做一个蒸汽船船员是他童年时代当地很多人的理想。这个时期也被称为"密西西比河的蒸汽船时代"。

如今，密西西比河上只剩下几艘旅游用的蒸汽船，它们的个头儿虽然比不过远洋巨轮，但魅力绝对不可低估。毕竟，当年马克·吐温在蒸汽船上当过差，爵士乐也是从蒸汽船上传播开的，而蒸汽船上的故事，人们永远也讲不完……

1909年9月25日，美国邮政为纪念发现哈得逊河300周年及富尔顿发明轮船"克拉蒙特"号100周年而发行的纪念邮票。

铁 路

1800 年，一位作家曾对铁路运输作过这样美妙的描述："将来人们旅行的时候，从一个地方到另一个地方就像舞台上的表演一样方便，铁轨将会在整个国家像鱼网一样铺开，蒸汽机车的速度像鸟儿一样快，达到每小时 24 到 32 千米……人们早晨从华盛顿出发，乘客将会在巴尔的摩吃到新鲜的早餐，在同一天将会到达纽约。"随着铁路和机车工艺的发展，这样的预言不仅已经实现，而且早已成为历史，更为先进的铁路和机车将会带领人们去体验速度所带来的前所未有的刺激。

1769 年，当瓦特将一种效率更高的蒸汽机发明出来的时候，用蒸汽动力取代马匹来牵引运输车辆，已成为人们的一种渴望。蒸汽动力用于陆路运输的主要标志是火车的出现，但将铁路与蒸汽机车相联系，并造出第一辆真正意义上的火车，是英国人特里维西克。

1796 年，特里维西克做出了一辆蒸汽机车模型。之后，他刻苦钻研，不断改进试制方案，终于在 1802 年，造出了第一辆真正的蒸汽机车。他用事实证明，光滑的金属轮子在光滑的金属轨道上完全可以产生足够的牵引力。像所有开创性的发明家一样，特里维西克也面临着一大堆难题：火车经常出事故，不是熄火就是喷火，要不就是翻车，铁轨也无一例外地面临铁轨断裂等问题。

尽管特里维西克的机车运行取得了成功，但由于无法克服车轴断裂、铁轨断裂的难题，因而没有唤起人们的真正兴趣。当特里维西克自己对机车失去了兴趣时，人们对于蒸汽机车的激情也渐渐地冷却了。

特里维西克虽然没有成功，但他的发明激发了另一位英国工程师乔治·斯蒂芬逊的雄心壮志，他

特里维西克

特里维西克设计的蒸汽机车

关键人物

乔治·斯蒂芬逊，1781 年 6 月 8 日生于英国一个穷苦的矿工家庭，8 岁时就去给人家放羊，16 岁时随父亲去煤矿做工，当上了一个给蒸汽机烧锅炉的工人的助手。由于天天和蒸汽机打交道，而热爱上机械。他制造出第一台具有实用价值的蒸汽机车，并修建了第一条公共铁路，使"火车"的名字流传到了全世界。

立志要完成这项伟大的发明。首先他运用凸边轮作为火车的车轮，以减少对铁轨的破坏；其次，他在车厢下加减震弹簧，用熟铁代替生铁做路轨材料，在枕木下加铺小石块，以减少振动。

当一切的试验都顺理成章地进行完后，1823年，由斯蒂芬逊任总工程师，主持修建了斯多克顿至达林顿之间的第一条商用铁路。1825年，他亲自驾驶自己设计制造的"旅行"号机车，在新铺好的铁路上试车，机车牵引着6节煤车，20节挤满乘客的客车厢，载重量达90吨，时速为15千米。没想到，这次隆重的试车取得了空前的胜利，人们为这一奇迹的出现而欢呼。

1830年，斯蒂芬逊修建的第二条铁路在利物浦与曼彻斯特之间贯通，这一次，他驾驶的"火箭"号机车完全采用蒸汽动力，平均时速达到了29千米，全线没有出现任何的故障。从此，利物浦到曼彻斯特这条线路就成了世界上完全靠蒸汽机车牵引的第一条铁路线。

斯蒂芬逊以蒸汽机车牵引的铁路线，召唤了一个"铁路时代"的到来。正是斯蒂芬逊的功劳使铁路迅速地扩展到全球，使世界真正认识到铁路运输的巨大的优越性。从此，巨龙奔驶在地球各地，极大地促进了世界经济的发展。

>> 更多介绍

19世纪30年代，英国人布鲁内尔提出铁路轨距应为1 435毫米，据说这个提议有其历史原因。相传，2 000多年前，古罗马人入侵英国，无数战车在道路上留下很深的车辙。当时罗马的战车两轮间距约为1 435毫米，使英国的车辆很容易陷进去。英国人为了使自己的车辆能顺利行进，决定把车辆的车距也改成1 435毫米宽。至此，这个传统就被沿袭了下来。1937年，国际铁路协会规定：铁路的标准轨距为1 435毫米。

1825年，世界上的第一条客运铁路线——斯多克顿至达林顿的铁路建成。这是交通史上第一次采用蒸汽机机车牵引，实现客运和货运的双赢。

自行车

自行车发明至今已有200多年的历史了。今天，自行车作为交通代步、锻炼身体、越野旅游、运动比赛以及少量货物运送工具，已遍及到世界的每个角落。时至今日，自行车已成为全世界人们使用最多、最简单、最实用的交通工具，也许人们应该永远记住这些自行车的发明者们，他们的功劳丝毫不逊于汽车的发明者。

自行车发明者——德莱斯原本是个看林人，每天他都要从一片林子走到另一片林子，多年走路的辛苦，使他萌发了发明一种交通工具的欲望。就这样，德莱斯开始设计和制造它的自行车了。他先用两个木轮、一个鞍座、一个安在前轮上起控制作用的车把，制成了一个木马两轮车。人坐在车上，可以一边前进一边改变方向，但必须用脚蹬地驱动木轮运动。就这样，世界上第一辆自行车问世了。

1817年，德莱斯第一次骑自行车旅游，一路上受尽人们的讥笑，他决心用事实来回答这种讥笑。一次比赛，他骑车4小时通过的距离，马拉车却用了15小时。尽管如此，仍然没有一家厂商愿意生产、出售这种自行车。

1830年，法国政府决定尝试改进德莱斯的自行车，作为邮差的交通工具。于是，世界上第一批为人们生活服务的自行车开始出现了。

这种新奇的代步工具刚问世时并没有受到人们的青睐，也许连它的发明人德莱斯也没有想到，后来自行车会那么风行，以至于成为人们日常生活中不可缺少的必需品。

自行车品种繁多，按不同的方法分类，可以分为载重车、普通车、轻便车，运动车和竞赛车等；按使用对象可分为男车、女车和童车；按车轮直径大小可分为71厘米车、69厘米车、66厘米车等等，此外还有双人串列、健身、杂技等特种自行车。

自行车主要由车体部分、传动部分、行动部分和安全装置组成，根据需要可增加一些附件。自行车附件有衣架、支架、气筒、保险叉、挡泥板等。

车体部分主要由车架、前叉、车把、鞍座和前叉合件等组成。前后轮中心距上、前叉倾斜角和前叉伸距是自行车的主要参数。

传动部分由脚蹬、曲柄、链轮、中轴、链条和飞轮

1818年，卡尔·德莱斯发明的木质两轮车，只能用双脚蹬地前进。

自行车宣传画

交通篇

组成。骑车人的双脚踩动脚蹬，带动曲柄作回转运动，由链轮经链条传到后轴的飞轮而带动车轮旋转。

行动部分由前后轴部件、辐条轮辋和轮胎组成。车轮的重量和轮胎的花纹、规格、质量等都影响骑行的轻快性和舒适性。轮辋和轮胎的重量一般尽量减轻，以使骑行轻快。轻质轮辋用铝合金制造，轮辋通过辐条与前后轴连接。

自行车还有一定的安全性，其安全装置主要包括制动器，即车闸，其次还有照明设备和鸣号装置等。车闸是保证骑行者人身安全的重要装置，车闸的种类繁多，基本上分为轮缘闸和轴闸两类。

现在自行车正朝着轻、新、牢、廉的方向发展，将进一步趋向设计新颖、造型美观、色彩鲜艳和协调。

>> 更多介绍

近年来，为创造适合老弱妇孺各种年龄层骑乘的自行车，很多厂商开发研制了辅助驱动自行车。并且在新电池和驱动机械马达技术成熟发展之下，电动自行车也应运而生。

从1994到1999年6年时间中，全球电动自行车数量，从3.6万辆剧增到50万辆。由于美国政府提倡节省费用，鼓励少用汽车，已有不少人转而使用电动自行车。1999年美国电动自行车市场仅有6.5万辆，2000年，超过12万辆，增长幅度惊人。

电动自行车这种环保、节能而且省力的代步工具正在以前所未有的速度走近我们的生活。

早期的自行车

现在的自行车

101

内燃机

显而易见，在新的世纪里，汽车已成为人类社会文明的重要象征。如果说，发明于18世纪的蒸汽机极大地提高了工厂大规模生产的产量，为铁路和轮船提供了能量；那么，发明于19世纪末的内燃机则通过汽车大大增加了人们的流动性，成为人们日常交通中最重要的工具之一。内燃机的发明与完善是由许多人相继接力完成的，其中奥托、戴姆勒和狄塞尔等人的名字象征着发动机史上最重要的里程碑。

在一个半世纪以前，萨弗里、瓦特等人所发明的蒸汽机已利用了汽缸外的热，然后由热生成的蒸汽进入汽缸驱动活塞。当时人们曾经想到可以使某种无火焰的气体和空气的混合物在汽缸内发生反应，所燃烧产生的能量便可以直接驱动活塞。假如这样的内燃机被研制出来，那么它要比蒸汽机体积小且启动速度快。于是，1859年，勒努瓦第一个设计用照明瓦斯作为燃料，制造出了第一台实用型内燃机。这台内燃机由双作用式蒸汽机改装，采用滑阀以便将煤气和空气的混合物导入装有活塞的汽缸，然后被感应线圈所产生的电火花引爆，使得活塞

勒努瓦第一个设计用照明瓦斯作为燃料，制造出的第一台实用型内燃机。

移动。它是一种使用煤气和混合气的二冲程发动机。

1860年，他将这台内燃机装在一辆小型货车上，行驶了10千米，历时3小时。于是这辆车成为世界上第一辆用内燃机驱动而不再使用马拉的车子。

在勒努瓦的内燃机发明后，人们为提高它的效率做了许多尝试。1861年，奥托制成一台煤气发动机，1864年与德国工业家欧根·兰根共同研制并改进了一台发动机，并在1867年的巴黎博览会上获得金质奖章。1876年，奥托利用法国工程师罗沙的内燃机原理，设计制造了一台以煤气为燃料、火花点火、单缸卧式的四冲程内燃机，成为内燃机的真正发明者。

1877年，奥托获得这一发明专利权，而且这种内燃机很快就得到了广泛应用。他逝世时，人

内燃机的外型

奥托

们为纪念这位有重大贡献的发明家,就将四冲程循环系统称为"奥托系统。"

狄塞尔是四冲程柴油发动机的发明者。他出生在巴黎,但父母都是德国人,少年时代为躲避法德战乱,全家逃到英国伦敦避难。战争结束后,狄塞尔在奥格斯堡和慕尼黑工业大学接受教育。大学期间,他开始从事蒸汽机的研究,一心想发明一种新的发动机。大学毕业后,狄塞尔做起了冷藏机工程师,当时他曾打算制造利用氨气的蒸汽机,但最终以失败告终。到了1885年,他的兴趣转移到他称之为"合理热机"的问题上来,冷藏机的液氨压缩机在压缩过程中产生大量热量给他留下了深刻影响。

奥托的四冲程发动机

1890年,狄塞尔回到柏林,潜心研究动力机。狄塞尔希望制造出比汽油发动机更好的柴油发动机。1897年,他终于成功了。理论上讲柴油机效率要高于汽油机,更适合作为船舶的动力;此外,柴油机无须电子点火,它使用的柴油也比汽油更便宜。第一台发动机的功率为13千瓦,热能损耗小,效率达38%,远比蒸汽机和汽油机高。很快这种机器已经成为发电厂广泛使用的固定发动机,经过不断改进,现在不仅在船舶上使用,而且在大型公共汽车、卡车上也得到了广泛应用。

狄塞尔发明的四冲程柴油发动机

>> **更多介绍**

活塞式内燃机自19世纪60年代问世以来,经过不断改进和发展,已是比较完善的机械。它热效率高、功率和转速范围宽、配套方便、机动性好,所以获得了广泛的应用。全世界各种类型的汽车、拖拉机、农业机械、工程机械、小型移动电站和战车等都以内燃机为动力。海上商船、内河船舶和常规舰艇,以及某些小型飞机也都由内燃机来推进。世界上内燃机的保有量在动力机械中居首位,它在人类活动中占有非常重要的地位。

大型内燃机

轮子

轮子在我们的生活中是最司空见惯的一种物品，它们有大的、小的、宽的、窄的、木头的、塑料的、橡皮的……但它也是我们生活中不可或缺的东西之一。如果没有轮子，东西就没法滚动；如果工厂的机器里缺少轮子，就可能无法生产；引擎上如果没有轮子，摩托艇就不能开动，飞机就不能安全起飞和降落，火车也不能运行……真不敢想象如果没有轮子人们该怎样生活。

其实轮子并不是某个人制造出来的，而是伴随着人类智慧由远古一步步发展而来的。随着人类社会的发展，车在不断改进，车轮也在不断变化，适应着不同时期和不同车辆的需要，人们对车轮的研究和改进始终没有停止过。

1862年，北爱尔兰年轻的兽医邓洛普为了摆脱铁质车轮"咣当""咣当"摇晃不停的缺点，决定试着为它"穿"上一层外衣。他想到了橡胶，因为橡胶既柔软又不易坏。于是，邓洛普找出家里的橡胶胶皮管，把它截下来缠在自行车轮子上，再用绳子把它扎紧。邓洛普让儿子乔尼试骑，乔尼骑后感觉并

约翰·伯德·邓洛普

邓洛普骑着安装了充气轮胎的自行车的情景

不舒服。邓洛普想，若不用绳子绑，只在车轮上缠一圈橡胶胶皮管可能会好一些。于是邓洛普开始想办法增加它的弹性，他试着将两个橡胶管叠在一起，用脚踩了踩，并不像想象中的那样有较大弹力。

随后，他又塞了一些柔软的碎布在橡胶管里。往长长的胶皮管里放入碎布并不是一件容易的事，不仅不易进去，即使进去了也不够均匀，而且碎布挤在一块儿又会使一些部位变硬或形成疙瘩。于是，邓洛普又设想在胶皮管里放入粗细均匀的绳子。他找来了一根与胶皮管粗度相等的绳子放进了胶皮管里，结果仍不太令人满意。就在邓洛普快要泄气的时候，他的儿子拿着一个泄了气的足球来找他打气。只打了几下，球体便鼓起来了。为了检查球是否坚硬，他用手按了按，突然他眼睛一亮，"对！是空气，往橡胶皮管里加入空气一定能成

功！"邓洛普立即着手开始试验，他利用足球里面的充气原理，做了许多实验，但每次都失败了。而等到把好不容易制造出来的装了气的橡胶管放入车轮时，一压，"嘭！"的一声就爆炸了。看来，只放入充满空气的筒管还不行，应该像皮球那样把筒管做得结实一些才行。邓洛普用混合帆布的橡胶制造了橡胶筒管的外表层。这一次，他终于成功了。

邓洛普从开始思考制造车轮的改造直至到有了成果，共经历了长达 26 年的时间。1888 年，邓洛普终于制造出了充气轮胎。他的儿子骑着安装了充气轮胎的自行车参加了学校的自行车比赛，结果获得了第一名。与此同时，有关充气轮胎的消息也传遍了各地。邓洛普马上就为他的发明申请了专利，随即他放弃了兽医职业，并筹集了资金，建立起世界上第一家轮胎制造厂，从事橡胶轮胎生产。从此，充气轮胎以其轻松、方便的性能而广受欢迎，他的发明很快便在自行车上得到了应用，并迅速迈向了汽车领域，为世界汽车工业的发展做出了巨大的贡献，使世界机械工业为此而向前迈进了一大步。

古埃及人发明了有制动装置的马车

1900年的辐射车轮　　1905年的木制车轮　　1925年的辐射状钢轮

1935年的金属线辐射状车轮　　1945年的塑钢车轮　　1990年的合金车轮

>> **更多介绍**

公元前 1675 年，古埃及人发明了有制动装置的马车，能使马车在很短的距离内停下来。12 世纪以前的马车多为 2 轮单辕，需要由 2 匹马来拉，后来又出现了双辕马车，1 匹马就能拉。到了 12 世纪，古罗马人发明了前轴可以转向的 4 轮马车，使马车的结构有了较大的发展，4 轮马车比 2 轮马车行驶起来更平稳，运载量也更大。进入 13 世纪后，4 轮马车在欧洲已经十分盛行，此时马车的车厢也开始采用弹簧悬置结构，并加大了后轮，使乘坐的舒适性大大提高，同时适应马车行驶的道路也逐渐发展起来。只是，对制造轮子的材料还仅仅只限于运用木材，后来橡皮充气轮胎的出现才最终发掘出了轮子发展的潜力。

地下铁道

地铁是大城市不可或缺的一种快捷交通方式。地铁是众多可选择的公共交通中最安全、最便宜、最方便的一种，而身在异国他乡的旅游者也可在一个城市的地铁站内随着人潮的涌进涌出而窥见这个城市人们的生活状态。所以，地铁已不光是一种交通工具这么简单，在有些城市，地铁已成为一种文化，而它所延伸出来的意义也会很深远，无论是对一个城市的经济发展，还是其文化底蕴而言。

世界上最早提出修筑地下铁道构想的是英国律师查尔斯·皮尔逊。说起来有趣，这个构想是由观看老鼠打洞引发的。有一天，皮尔逊在打扫卫生时，发现墙脚边有一个老鼠洞口，一直通到墙外，机智的皮尔逊立即联想到：老鼠无法在地面上招摇过市，就转入地下活动。与之相应，路面拥挤的城市交通，可否转移到尚未开发的地下呢？

19世纪中叶，伦敦比以前任何城市发展得都要快。在这庞大帝国的中心，当数以千计的新房屋、商店、办公楼和工厂为日益膨胀的劳动大军而建造起来时，它几乎要爆炸了。这些人需要能适应狭窄街道的更好的运输工具。

经过充分的考虑和反复论证，皮尔逊于1843年向英国政府提出了修建地下铁道的建议。在他看来，地铁不受地面交通状况和自然条件的影响，速度快、客运量大，可以提高城市街道上的人流速度，大大缓解紧张的交通状况。

皮尔逊的建议一时未能引起政府的重视，由于种种原因，事隔十年，英国议会才批准在帕丁顿的法林顿街和主教路之间修一条长约6千米的地铁。查尔斯·皮尔逊主持修建了第一条地铁，它采用挖

地下车站的轨道

关键人物

查尔斯·皮尔逊是英国一位颇具雄辩才能的律师，他是世界上最早提出建设地铁的人。19世纪中叶，他看到当时的伦敦街道上车辆很多，交通时常拥挤阻塞，并且预见到这种现象将会随着城市经济的发展而日趋严重。于是，他根据铁路具有运量大、车速高的特点，大胆地向英国伦敦市政当局提出了把铁路建造在城市街道下面的设想。在他的积极建议下，英国政府于1863年1月10日在伦敦修建了世界上第一条纯粹修建在地下的"铁路"——地下铁道。

一条深沟，再封盖其上的方法，经过近十年的建设，地铁才初具规模。至1863年1月完工，"大都会地区铁路"开始营业，世界上出现了第一条浅层次地下铁路。尽管地铁所使用的烧焦炭的蒸汽机车严重污染了环境，但在运行的第一年，这条铁路就运送了950万人次的旅客。

1863年1月，"大都会地区铁路"通车。

随着时间的推移，人们越来越重视环保。对于地铁所造成的污染，很快就有了解决的方法。1890年，伦敦建成并投入使用了世界上第一条电气化地铁。20世纪初，美国人耶克斯在伦敦建造了8条地铁。在客流高峰期间，伦敦的地铁每小时能够运输10多万人，而运输速度比地面运输速度快1倍以上。100多年来，世界各地建造了3 000多千米的地铁。这些地铁担负着举足轻重的客运任务。

>> 更多介绍

第二次世界大战结束时，全世界只有20座城市有地铁。现在有地铁的城市已增加到100多座，线路长达5 200千米。世界上很多大城市的地下都已构筑起一个上下数层、四通八达的地铁网，有的还在地下设立商业设施和娱乐场所，与地铁一起形成了一个地下城。地铁车站建筑构思新颖，气势磅礴，富有艺术特色。地铁现代化的发展，让轨道交通成为现代化都市的重要标志之一。

现代地铁设施更加追求舒适与美感的统一

红绿灯

一场爆炸吓退了开发交通信号装置的人们的雄心壮志,之后很长一段时间,信号灯在交通领域销声匿迹。然而实践的需要是不会照顾人们畏缩情绪的。面对日益匆忙的车流和人群,红绿灯系统迅速发展起来。

我们现在所说的红绿灯,真正的名字就叫"交通信号灯",它最早诞生在英国伦敦。红、黄、绿这三种全世界都通用的交通信号,来源于对服装颜色的构想。

19世纪初,在大不列颠帝国中部的约克城,妇女们对衣服的穿着与颜色十分考究。并且十分有趣的是,红、绿装分别代表女性的不同身份,那些结了婚、有了家庭的年轻妇女们,为了避免再受到一些人的追求,就会穿起红衣服来表示她们已经结婚;而那些未婚的小姐则穿起了绿衣服,表示自己还没有嫁人。时间一长,穿衣无意形成了这样一种习惯。英国政府受红绿装的启示,就将它作为交通信号灯的构思,开始研制。

由于英国伦敦议会大厦前经常发生马车轧死人的事故,1868年,一位名叫查德·梅因的警员,提出建议:为防止议员们被街上繁忙的车辆给撞到,可以给英国议会大厦附近大街的交叉路口上,安装一个交通信号灯。他的建议,得到了英国政府的肯定。12月10日,信号灯家族的第一个成员——煤气红绿灯,在伦敦议会大厦的广场上诞生了。

1903年,伦敦的交通问题已经很严重。马车、机动车和自行车混行的状态使交通变得更为拥挤。

它由当时英国的机械师纳伊特设计制造。这种煤气红绿灯看起来有点像当时的铁路信号装置,它是由信号杆和红绿两色旋转式方形玻璃提灯组成的。其信号杆高达7米,杆顶挂着信号灯,红色表示"停止",绿色表示"注意"。在灯的脚下,一名手持长杆的警察依照车辆的多少而牵动皮带，转换提灯的颜色。

后来，人们又在信号灯的中心装上煤气灯罩，在它的前面装有两块红绿玻璃交替遮挡。不幸的是，1869年1月2日，这个只面世23天的煤气灯突然发生了爆炸事故，致使一位正在值勤的警察因此而断送了性命。事后，城市交通信号灯被取缔。

20世纪初，美国人阿尔弗雷德·贝尼施开发了一种红绿灯系统。

随着城市化水平的不断提高和人们生活节奏的加快，人们不得不借助汽车这种方便的交通工具。只是，拥挤的道路造成的堵车现象越来越严重，于是，人们便呼唤一种新的交通信号装置。1914年，红绿灯在美国率先恢复，不过这时已是"电气信号灯"了。这种信号灯由红、绿色圆形投光器组成，在俄亥俄州的克利夫兰进行了第一批安装，红灯亮表示"停止"，绿灯亮表示"通行"。稍后在纽约、芝加哥等城市也相继出现了安全的红绿灯。

随着各种交通工具的进一步发展和交通指挥的需要，第一盏名副其实的三色灯（红、黄、绿三种标志）于1918年诞生。它是三色圆形四面投光器，被安装在纽约市五号街的一座高塔上。至此，红、黄、绿三色信号形成了一个完整的指挥信号系统。

品种繁多的红绿灯

>> **更多介绍**

红、黄、绿信号灯的出现，使交通得以有效管制，对于疏导交通流量、提高道路通行能力，减少交通事故有明显效果。

1968年，联合国《道路交通和道路标志信号协定》对各种信号灯的含义作了规定。绿灯是通行信号，面对绿灯的车辆可以直行，左转弯和右转弯，除非另一种标志禁止某一种转向。左右转弯的车辆都必须让正在路口内行驶的车辆和穿过人行横道的行人优先通行。红灯是禁行信号，面对红灯的车辆必须在交叉路上的停车线后停车。黄灯是警告信号，面对黄灯的车辆不能越过停车线，但车辆已十分接近停车线而不能安全停车时可以进入交叉路口。此后，这一规定在全世界开始通用。

汽车

汽车的历史是一种逐渐演化的过程，而不是一次简单的革命。在20世纪初期，汽车由马拉车逐步演化成可以被称为交通的使用型汽车。汽车是人类的杰作，与人类有着息息相关的关系。没有汽车，就没有便捷的交通，甚至会阻碍社会发展的进程。汽车的发展，促进了机械、能源、电子等许多相关行业的发展与进步。目前许多国家都十分重视汽车工业的发展，有的甚至将其视作自身国民经济的支柱产业。在过去，汽车是我们的主要交通工具；在未来，以高科技武装的汽车仍然会是我们的主要交通工具，它将载着我们走向更美好的生活。

人类的许多发明成果很难说出谁是其发明者，汽车也是一样。它是由英国、法国、德国、奥地利、美国等国家一大批优秀的科学家经过不断探索和研究出来的共同成果。不过，在汽车的发明史中，德国人卡尔·本茨起着至关重要的作用，他发明了世界上第一辆内燃机汽车。

1879年12月31日，本茨制造完成了第一台单缸煤气发动机。

本茨在制造出第一台单缸煤气发动机后，生活反而变得更加困苦，几乎濒临破产。但清贫的生活并没有改变本茨研究发动机的决心，经过多年努力，他终于研制成单缸汽油发动机。他将双座三轮脚踏车与比例缩小的内燃机很好的结合起来，从而制成了世界上第一辆内燃机汽车。这辆车装备一台转速为250转/分的汽油机，单气缸二冲程，并设有火花塞点火装置。

从此以后，本茨满怀信心，对汽油机进行改装，开始制造汽车。1885年秋天，在曼海姆工厂内成功地进行了实车试验。

早期的汽车

关键人物

德国工程师卡尔·本茨（1844～1929）是现代汽车工业的先驱者之一。从中学时期起，本茨就对自然科学产生了浓厚的兴趣，1860年进入卡尔斯鲁厄综合科技学校学习。在这所学校，他较为系统地学习了机械构造、机械原理、发动机制造、机械制造经济核算等课程，为他日后的发展打下了良好基础。他提出轻内燃机的设计，回答了自蒸汽机问世以来持续了200年的内部燃烧的难题，并在1885年把第一台性能可靠的轻内燃机应用于公路运输。第一辆汽车在其后部的单人座后面放着单缸四冲程发动机，劈啪作响冲到街上。这部发动机燃烧汽油，最大转速250转/分钟，输出功率0.6千瓦，车速13千米/小时。为此，本茨被人们称为"汽车之父"。

交通篇

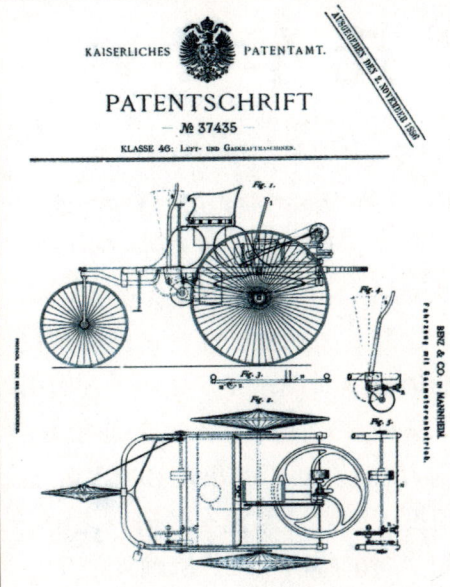

1886年1月29日，本茨荣获汽车制造专利

1886年，本茨的这辆汽车荣获德国皇家专利局颁发的第一辆汽车制造专利。本茨制造的这辆汽车是三轮而不是现在我们所熟悉的四轮。1886年，奔驰公司的另一位创始人戈特利布·戴姆勒将一辆马车改制成用汽油机驱动的四轮汽车，世界上第一辆四轮汽车诞生了。1893年，本茨研制成功了性能良好的"维克托德亚"牌汽车。这种车性能虽然良好，但由于价格高昂，成为公司的滞销品。为了扭转公司亏损的局面，本茨在1894年生产了价格便宜的"自动车"，因此给奔驰公司带来了较高的经济效益。后来，奔驰公司又对前期生产的"维克托德亚"牌汽车进行了改进，将车厢座位设计成面对面的18个，因此后来这种经过改进的汽车成为世界上第一辆公共汽车。

>> 更多介绍

100多年来，汽车发展过程中的一些独特设计或多或少地影响了汽车演变的方向。

汽车发展史上第一个里程碑是梅塞德斯开创的汽车时代。他提出改进原有奔驰赛车的机械性能和外形。并用他女儿的名字——梅塞德斯给这部车命名。此后的比赛中，这部赛车可谓所向无敌。

第二个里程碑则是福特汽车公司开始大批量生产汽车。

第三个里程碑是雪铁龙公司创造了前轮驱动汽车。

第四个里程碑当属甲壳虫汽车的出现。它打破了福特T型汽车的产量记录，为大众所接受。

第五个里程碑是艾西贡尼斯设计的仅630千克的"迷你"汽车。

第六个里程碑是90年代雷诺汽车公司研制的多用途厢式车。

随着科学技术的发展，汽车在不断地改进，未来岁月里，它将搭载人类驶向更加美好的明天。

1908年10月1日，以"福特"命名的汽车开始生产，型号为"T型"。工人们首次用大批量生产的部件在流水线上组装汽车。

卡尔·本茨设计制造的汽车

111

摩托车

摩托车是一种用汽油驱动，依靠手把操纵前轮转动方向的两轮车或三轮车。

轻便、灵活、行驶迅速的摩托车一经发明，很快就成为了应用广泛的交通工具。从摩托车的发明到现在，仅仅200多年的时间内，摩托车以及关于摩托车所衍生出来的文化早已渗透到我们的生活当中。

距今7 000年以前，人类从一个地方到另一个地方的唯一方法就是走路。不久，人们开始驯养牲畜来驮运东西或帮助人走路。大约在公元前3500年，美索不达米亚的一位撒马利亚人绘制了一辆样子非常古怪的殡仪车，这标志着有轮子的运输工具出现了。之后，人们用不同的动力推动轮子，这种方式成为主要的交通方式。

19世纪后期，随着汽油发动机的出现和充气轮胎的应用，德国人戴姆勒投入到汽油摩托车的研究之中。

这时，世界公认的"汽车鼻祖"——德国人卡尔·本茨，正在研制用内燃机推动的机车，这两项发明几乎是并驾齐驱的。1885年春天，本茨开始试制一种四冲程汽油发动机的汽车。同年秋天，戴姆勒则在斯图加特

1869年，法国人皮埃尔·米肖和他的儿子，将一台小型蒸汽机作为动力源，驱动自行车行驶。

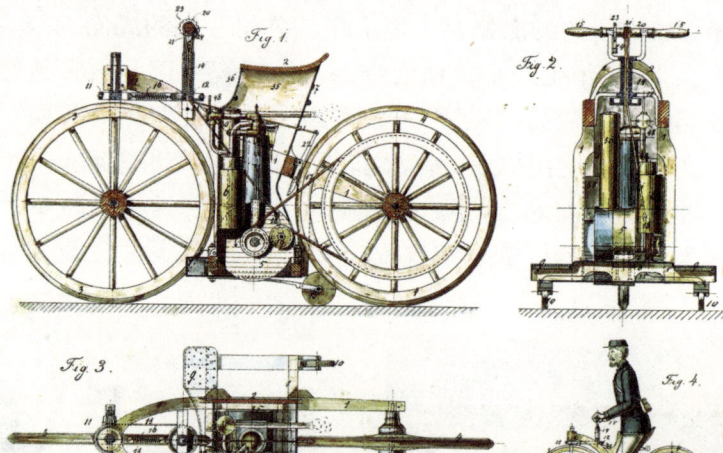

摩托车示意图

关键人物

卡尔·本茨（1844~1929），德国人。1886年他获得了"汽车制造专利权"，并在世界第一辆汽车上采用了一台单缸发动机。是公认的"汽车鼻祖"。

戈特利伯·戴姆勒（1834~1909），德国人。1886年他第一次在马车上装上他自己研制的发动机。他与本茨一起被誉为"汽车之父"，世界著名的德国戴姆勒——奔驰汽车公司就是以他俩的名字命名的。

附近的宅院里第一次骑上了他的摩托车。他们谁也不知道在相隔 97 千米的对方在干什么，也不知道彼此的存在，两人却在为同一个目标奋斗着：研制一种新型的代步工具。

作为工程师的戴姆勒从 1872 年就一直跟着内燃机的发明者奥托在科伦工作。那时，奥托正在研制燃气内燃机。戴姆勒这时却在想着用汽油蒸汽来代替煤气，用电子点火系统代替持续火焰点火，从而把奥托的固定发动机变成移动式的发动机。他为了实现自己的想法而离开了奥托，搬回到自己的工厂。

戴姆勒的摩托车

戴姆勒最初研制的摩托车结构粗糙，轮子是用木头制造的，排气管安装在座位下面。但是，这些并没有阻止摩托车发明的进程。当戴姆勒把摩托车的各个部位组装起来的时候，除了速度慢和噪音大以外，似乎已经很完美了。戴姆勒认为对乡下的邮递员来说，他的摩托车可能是最有用的。

1898 年，美国生产的第一辆摩托车。

摩托车在一开始还像个"丑小鸭"一样毫不起眼。当第一次世界大战爆发以后，交通工具的需求量便开始直线上升，由于摩托车的价格便宜，成为了汽车行业的一大劲敌，军警也开始广泛使用这种车来进行侦察。在第一次世界大战之后第二次世界大战爆发前的 19 年间，摩托车行业发展迅速，跨斗摩托车也在这时开始出现，四冲程双缸发动机也开始运用到了摩托车上。第二次世界大战之后，和平的阳光照耀着整个大地，人们开始尽情地享受生活，摩托车很快就被汽车所取代。但是，摩托车并没有因此而被抛进工业时代的垃圾堆中，高速旅行和体育竞赛开始将摩托车文化演绎得有声有色。

>> 更多介绍

哈雷摩托车，以其纯金属的坚硬质地、炫目的色彩、大排量大油门所带来的轰响，让战后迷茫的年轻人发狂。为了与狂热、叛逆、不羁的风格相配，他们穿上印有哈雷标志的外套、毛边牛仔裤和粗犷的皮靴，身体文上哈雷的标志，纵马驰骋般呼啸而过。这副装备后来逐步完善，成为浓缩了激情、自由和狂热的一种精神象征，并吸引越来越多的哈雷迷。

竞赛用的摩托车

飞机

展开双臂,飞上广袤的天空,与浮云为伴,与百鸟竞争……飞行是人类的梦想。1903年12月17日,奥维尔·莱特驾驶着世界上第一架飞机在空中停留了12秒,成为了令全人类振奋的航空航天时代的开端。驾驶飞机无限接近与远离地面成为勇敢者挑战自我的一种方式,而坐飞机出游也渐渐成为人们享受生活的最佳选择。

威尔伯·莱特和奥维尔·莱特是一位主教的儿子,住在美国俄亥俄州的代顿。兄弟俩在经营自行车工厂时所获得的钱和技术,使他们能够开始自己的航空工作。莱特兄弟从少年时代起就喜爱飞行,但威尔伯先迈出了第一步,他写信给史密森博物馆索取有关书籍和文章,后来奥维尔也变得像威尔伯那样热衷于飞行。莱特兄弟既是先驱者又是出色的商人,他们首先为其设计提出了专利申请,并在1906年得到了专利权。1903年12月17日的早晨,奥维尔·莱特进行了人类历史上第一次有动力、持续的、可操纵的飞行,在世界飞行史上留下了光辉的一页。

像鸟儿一样在天空飞翔,自古以来就是人类的梦想。为了它的实现,人们付出了多年坚持不懈的努力,甚至许多先驱者还付出了生命的代价。终于,1903年12月17日这一天,世界上第一架载人动力飞机在美国北卡罗莱纳州的基蒂霍克飞上了蓝天。这架被叫做"飞行者"1号的飞机,

1903年12月14日,威尔伯第一次飞行。

关键人物

威尔伯·莱特生于1867年,他的弟弟奥维尔·莱特生于1871年,他们从小就对机械装配和飞行怀有浓厚的兴趣,从事自行车修理和制造行业。1896年,他们开始研究飞机的平衡操纵问题,并深入钻研了当时几乎所有关于航空理论方面的书籍。

从1900年至1902年期间,他们除了进行1 000多次滑翔试飞之外,还自制了200多个不同的机翼进行了上千次风洞试验。他们在1903年制造出了第一架依靠自身动力进行载人飞行的飞机"飞行者"1号。1906年,他们的飞机在美国获得了专利发明权。他们因此于1909年获得了美国国会荣誉奖。同年,他们创办了"莱特飞机公司"。

交通篇

飞行中的飞机

列奥那多·达·芬奇关于飞机的草图手稿

翼展为 13.2 米，升降舵在前，方向舵在后，两副两叶推进的螺旋桨由链条传动、着陆装置为滑橇式，并且装有一台 70 千克重、功率为 8.8 千瓦的四缸发动机。1903 年 12 月 14 日，"飞行者" 1 号在美国北卡罗莱纳州基蒂霍克的一片沙丘上起飞了。但结果并不理想，飞机才升到 1 米高就出现了故障。

真正的奇迹诞生在 3 天后。12 月 17 日这天，莱特兄弟一共进行了 4 次飞行。最长的一次是由威尔伯·莱特驾机在空中停留了 59 秒，飞行了 260 米。

人们对飞行奥秘的探索并没有停止，继莱特兄弟之后，越来越多的人投身到这一创造性的事业中，越来越多的新式飞机被研制出来，应用到了广泛的领域当中。

>> **更多介绍**

人类对飞行的认识最早来自鸟类，人类的飞行历史，也是从羡慕和模仿鸟类的飞行开始的。传说在我国春秋战国时代，著名的建筑家鲁班和思想家墨子都曾模仿飞鸟制造出木鸢，他们制造的木鸢虽然无法像传说中那样飞上天空三日不落，但是却不失为人类研制航空模型的最早尝试。

古希腊最著名的一则神话故事中这样讲述：建筑师代达罗斯被国王监禁在地中海克里特岛的一座迷宫中，为了逃离，他和儿子伊卡洛斯用蜡和鸟羽为自己做了一对翅膀，从卫兵的头顶上飞越而过。儿子伊卡洛斯对飞行欣喜若狂，忘记了父亲的告诫，他越飞越高，最终因羽翼上的蜡被太阳晒化而摔死。

这些动人的故事，朴素地反映出人类对蓝天白云的无限向往。

1903 年 12 月 17 日，奥维尔起飞作世界上第一次有动力驱动的重于空气的飞行器的飞行。飞机沿左边的发射轨道下滑时在一旁帮着扶稳的威尔伯还在小跑。

磁悬浮列车

在众多高科技列车中，磁悬浮列车可能是一种最理想的交通工具。这种列车在运行时以常规列车无法达到的速度悬空在轨道面上，真正可以算得上是一种会"飞"的列车。

磁悬浮列车利用磁铁"同性相斥，异性相吸"的原理，来减少和克服列车与轨道之间的摩擦力，它不仅速度快，而且安全、平稳、无震动、无污染，是一种节省能源的新型交通工具。

从轮子发明的那一天起，所有的车辆都采用车轮与地面或钢轨的摩擦使车辆向前运动，当摩擦力足以毁坏车轮或钢轨时，列车的速度就达到了极限。如果想要获得更高的速度，就得尝试通过克服车轮与钢轨之间的摩擦力来提高车速。磁悬浮列车正是克服了这种摩擦力才达到了常规无法达到的速度。

磁悬浮列车能飞驰在轨道面上，主要归功于超导新技术。1911年，荷兰物理学家昂内斯将水银冷却到零下40℃，使它凝固为一条线，并对它通以电流。当温度降至零下268.9℃时，昂内斯发现水银中的电阻突然消失了。后来，人们把这种电阻突然消失的现象叫做超导现象。在温度和磁场都小于一定数值的条件下，导电材料的电阻和体内磁感应强度都突然变为零，这种特殊的导电状态就称为超导态，在很低的温度下呈现超导态的导体就是超导体。

磁悬浮示意图

关键人物

昂内斯（右）（1853～1926），荷兰物理学家。他主要研究的领域为低温物理。在低温实验室建成后，他攻克了越来越低的温度，其成绩是：1904年液化了氧；1906年，液化了氢；1908年首次使最后一个"永久气体"——氦液化。其后，使用液氦获得0.9K以下的超低温。如果说地球上的最冷点在莱顿实验室，这句话一点也不过分，他本人也当之无愧地被人称为"绝对零度先生"。

交通篇

1964年10月1日，日本的"弹丸"号列车飞梭般穿越在东京至大阪的新干线上。

1933年，迈斯纳和奥森费耳德通过进一步的研究发现，金属处在超导态时其内部磁感应强度为零，即能把原来在其体内的磁场排挤出去，也就是说，在超导体内，根本不会发现任何磁场。即使原来导体中有磁场存在，一旦变为超导体以后，磁场就统统被排斥在磁场之外。正是由于超导体的抗磁性，会对磁铁产生一个向上的排斥力，这种排斥力使列车行驶时不与铁轨直接接触，人们开始研制的磁悬浮列车就是利用磁极同性相斥的原理，将超导磁体安装在列车底部，再在轨道上铺设连续的良导体薄板。电流从超导体中流过时，产生磁场，形成一种向下的推力，当推力与车辆重力平衡时，车辆就可悬浮在轨道上方一定的高度了。

磁悬浮列车与目前的高速列车相比，具有许多无可比拟的优点。它可靠性能好，维修简便，最主要的是它的能源消耗极低，不排放废气，无污染。磁悬浮列车集计算机、微电子感应、自动控制等高新技术于一体，是目前人类最理想的绿色交通工具。

1922年，德国的赫尔曼·肯珀提出了电磁悬浮原理。

>> 更多介绍

20世纪，众多的交通运输方式群雄并起。四通八达的航空线、密如蛛网的高速公路线迫使一度独领风骚的铁路运输业步入"夕阳产业"行列，而高速铁路的出现和迅猛发展，为它注入了新的生机。1964年10月1日，乳白色的"弹丸"号列车飞梭般穿越在东京至大阪的新干线上，道道流光与白雪皑皑的富士山交相辉映。它以210千米的时速、流线型的力学美、高架桥的雄姿，辅之以现代化的设施，令世人刮目相看。根据世界标准，时速200千米上便可称为高速铁路。此后，法国、英国、德国、瑞典等国家相继建成高速铁路，时速不断攀升。而我国也正在积极试验，京沪高速铁路即将动工修建。

比之航空和高速公路，高速铁路具有耗能低、占地少、运输量大、安全性能高的优势。目前磁悬浮列车是高速列车的宠儿，被称为新世纪的"神行太保"。

新型的磁悬浮列车

117

肥皂

有位牧师曾经说过"清洁仅次于圣洁"。看来,对干净卫生的追求是没有时间和国界的限制的。考古学家就曾在庞贝古城的遗址中发现过制肥皂的作坊,而中国人则在早期就利用猪胰腺和天然碱来制造一种叫做"胰子"的东西。虽然从制造规模和制造方法上显出了中西方的差异,但这些尝试却为肥皂的发明带来了不可多得的经验与技术,成为肥皂发明史上永远值得纪念的一页。

肥皂之所以能去污,是因为它有特殊的分子结构,分子的一端有亲水性,另一端有亲油脂性。在水与油污的界面上,肥皂使油脂乳化,溶解于肥皂水中;在水与空气的界面上,肥皂围住空气分子形成泡沫。原先不溶于水的污垢,因肥皂的作用,无法再依附在衣物表面而溶于肥皂泡沫中,最后被清洗掉。

据说古埃及国王胡夫热情好客,经常设宴招待客人。一天来往客人较多,厨房里的物品又放置杂乱,人们难以转动身子。可就是在忙乱中偏偏出了差错,食品师不小心踢翻了油灯,油洒了一地。伙夫们都赶来收拾场地,他们用手将沾有油脂的灰捧到厨房外扔掉,再到水盆里洗手。这时他们意外地发现手洗得特别干净。当国王知道这件事后,就吩咐手下人做出沾有油脂的炭块饼,放在洗漱的地方,供客人使用。这正是肥皂的雏形。

无独有偶,古罗马人的肥皂也经历了同样的命运。起初,古罗马人用羊油脂和山毛榉炭灰压制成一种称作

肥皂成为深受妇女喜爱的洗涤用品

"萨波"的物质,并用它来把头发染成浅棕红色。后来,有一次罗马人在节日里忽遇大雨,头发被淋湿了,人们却意外地发现头发干净了。从此,罗马人便将"萨波"作为清洁剂来使用。

公元70年,罗马帝国学者普林尼第一次用羊油和草木灰制取块状肥皂获得成功,罗马开始了肥皂生产。这项技术在欧洲逐渐传播开来。公元2世纪,肥皂已专门用来洗东西。到8世纪,大多数的南欧国家已生产和使用肥皂了。法国的马赛和意大利的热那亚、威尼斯、萨沃纳等都是生产肥皂的主要城市,因为这些地方有橄榄油和苛性碱,原料来源方便。公元1000年后,尤其在西班牙,制造肥皂成了一种重要的行业。

现代的卫生皂不仅能杀菌,而且还能起到润肤的作用。

在肥皂没有出现之前,人们一直用皂角洗衣服。

各地生产的肥皂尽管销往各处,被广泛使用,但仍属价格昂贵的奢侈用品。直到19世纪,普通家庭一般自制"软皂",把动物油和桦木灰混合起来,制造很容易。"硬皂"则是工业制品,由植物油和海藻灰提炼的碱混合而成,往往加进香料。

1791年,法国化学家卢布兰用电解食盐的方法制取火碱成功,从此结束了从草木灰中制碱的古老方法。19世纪初,合成碱被发明出来,这就使大规模地廉价生产肥皂成为可能,等到20年代,大规模的制碱法出现了,从此肥皂价格下跌,成为普通家庭的生活必备品。

洗衣服的清洁剂

现在品种繁多的洗涤用品

>> 更多介绍

第一次世界大战期间,德国制造肥皂的油料短缺,因此化学家们研制了一种合成替代品——洗涤剂,由酒精和樟脑制成,这是一种化合物。肥皂与水中的矿物质结合时产生泡沫,洗涤剂则不会。经过不断的改进,洗涤剂的清洁效果已超过了肥皂。

现在,日用化学洗涤剂正在逐步成为人们的生活必需品。所以,改善洗涤剂,开发无毒无公害的洗涤剂已成为当务之急。

纸币

纸币实在是中国人的一大发明，其重要性未必逊于"四大发明"。在这件事情上中国人遥遥领先，应该能够表明中国人其实有着非常发达的商业头脑。迄今为止，没有纸币的世界仍是难以想象的。也许只有那些享受着超级权势的人物才能够宣称自己"从来不碰钱"。当然，若将来货币都电子化了，纸币的使命也将终结，但是，纸币这一项改变了货币介质的发明，是货币发展的重大进步，在经济史上具有划时代的意义。

纸币的使用源于中国。早在汉武帝在位时期就出现过钞票。当时，连年征战匈奴耗尽了国家财力，私人铸钱更是使钱币大幅度贬值，曾导致钱币面值持续出现剧烈浮动。在这种情况下，武帝便下令发行每张价值为40万铜钱的钞票，收回大部分硬币。这种钞票用白鹿皮制作而成，上面印有特殊图案。

公元800年左右，中国重新发行纸币，被称为飞钱，因为它很容易被风吹跑。这种纸币不能充分交换，只是私人银行交给商人用以兑换现金的凭证。它在京城发放，商人在返回各省后可用之兑换现金。这些都不能算作真正意义上的纸币，直到北宋年间出现了交子。

北宋时期，重商思想抬头，商品经济进一步繁荣。随着各地区贸易联系的加强，交易额越来越大，需要大量轻便的货币作为支付和流通手段。北宋前期，宋王朝为了掠夺川蜀地区的财富，在此地区禁使铜钱，而使用铁钱。由于铁钱不便携带，于是有商人收取铁钱而出现一种类似存款收据的证券，正背面都有出票人的印记，有密码花押，票面金额在使用时填写，这就是交子，可以兑换，也可以流通。交子的出现正适应了商品经济发展的要求，所以很快流行起来，被商人们广泛使用，中国因此成为最早流通纸币的国家。

交子原由商人分散发行，太宗初年，成都16家富商联合建立交子铺发行交子。后来由于富商经营不善而使交子不能兑现，失信于民，引起政府干涉并收归官

各国不同的纸币

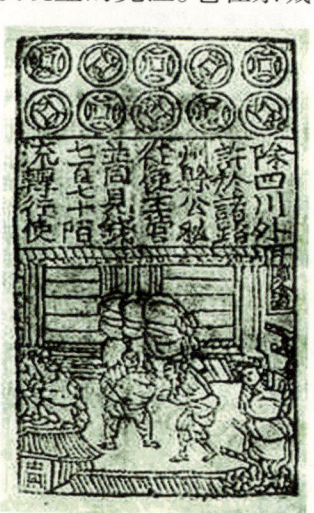

北宋时期的交子，用纸币的印版印出，印版作于公元11世纪。

办。1023年，北宋政府在益州设立交子务，在次年2月开始发行官交子，规定市面上只许流通政府印发的交子，将商人个别发行的交子全部回收。官印交子有一定的发行限额和流通期限，每三年持旧交子换新交子。交子按规定可以随时兑现，属于信用货币性质。交子的票面金额开始时临时填写，后改为印固定金额。1105年，交子改称钱引，除闽、浙、湘、粤外，在国内其他各地发行。

印制纸币的思想向西缓慢传播。1292年，蒙古人在伊朗印发了中国式钞票。1661年，印制纸币传到了欧洲。当时，由于缺少银子，瑞典银行家便着手生产票据。在18世纪，许多小的私人银行家开始发行纸币，只要银行有偿付能力，这些纸币就能通用。直到1883年，英国银行才发行了合法的纸币。8年后，一项法令给了这个银行以发行纸币的垄断权，并禁止发行没有百分之百的黄金作后盾的纸币。美国在1776年脱离英国而独立之前，就制造出第一批纸币美元，并成为美国独立的一个强有力的象征。现在，世界上大多数国家和地区都已拥有自己的纸币，并习惯了把纸币作为商品流通的媒介。

古代一种印版雕刻比较细致的纸币

>> 更多介绍

纸币的制造过程十分讲究，制作方法也须保密，以防假冒。制造纸币四个阶段是：图案设计、造纸、拌墨和印刷。

人民币是我国唯一合法的货币，发行权在国家，国家授权中国人民银行负责发行事宜，并对各金融机构实行现金管理。人民币的主币是圆（元），辅币是角、分，以"￥"为符号。

人民币是我国国民经济、人民生活赖以维持和发展的血脉，要爱护人民币并与伪造假币的行为作斗争。

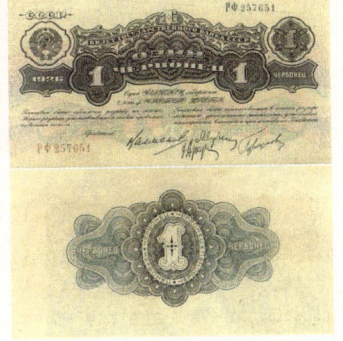

1926年俄国使用的纸币

玻璃

毋庸置疑，形状各异的玻璃器皿和各种设备的巧妙结合，将整个世界点缀得多姿多彩。从首次制成玻璃到当今的玻璃世界，其间经历了漫长的岁月。几千年来，玻璃的用途越来越广，玻璃的种类也越来越多，美观的造型和低廉的工业成本，为我们美好的生活增添了神奇的透明背景。

玻璃到底诞生于何时，连考古学家也说不准，但可肯定的是，在古埃及和美索不达米亚，玻璃已为人们所熟悉。

中世纪时期，意大利的威尼斯是玻璃制造业的中心。威尼斯玻璃制品样式新颖、别具一格，因而畅销全欧洲乃至世界各地。威尼斯玻璃业有800多年的历史，15世纪到17世纪为鼎盛时期。当时，威尼斯玻璃艺术品跃为世界之冠。但威尼斯玻璃制造工艺的秘密，很快传到法国、德国、英国，到17世纪时，玻璃厂已经遍及世界许多地区了。

最古老的平板玻璃的制作是把熔化的玻璃注入内部平整的泥模中使其冷却，然后再磨光和抛光其表面。直到20世纪，这种生产工艺仍在沿用。但是回顾平板玻璃的历史，我们仍然会被先辈们的智慧所折服。

吹制玻璃器皿

早在14世纪，人们就会使用铁管吹玻璃泡来制造小玻璃板。在吹玻璃泡时，工匠们一边吹一边尽可能快地旋转铁管，玻璃泡在离心力的作用下向外扩展，形成表面较为平整的大圆盘。然后从玻璃与铁管的接口处切断，让其冷却成圆形的玻璃板。

关键人物

阿尔斯泰尔·皮尔金顿（1920～1995），英国科学家，早年曾在剑桥大学三一学院学习，因为第二次世界大战而停学。在二战中，他作为一个军官领导了在地中海发生的战争。1945年战争结束后，他通过了剑桥大学机械学的学位考试。1947年，他来到皮尔金顿玻璃制造公司工作，成为了一名技术人员。

皮尔金顿对于浮法玻璃的想法产生于1952年，正是这样一个简单的想法改变了20世纪60年代的工业生产进程，而他本人也成为材料工业史上一个值得纪念的科学家。

生活篇

由于圆形的玻璃板不容易固定，后来，人们又采用一种新的方法生产方形的玻璃板，工匠们把吹制成圆柱形的玻璃管从中间切开，展平后让其自然冷却，这样，一块方形玻璃板便制成了。随着生产力的不断发展，平板玻璃的制作工艺也日趋成熟。

1947年，玻璃的制作工艺依然很复杂。要生产像橱窗、车窗和镜子使用的高质量的玻璃，就必须以磨光的玻璃板为原料。这种玻璃是把从熔炉里流出来的熔融玻璃，碾压成一条连续不断的带子，由于带子的表面跟碾压机是平行的，因而不会留下印记。但是这种带子的两面都必须磨光，就意味着将会产生大量的玻璃废屑和花费很多的钱。

为了改变现状，英国科学家皮尔金顿冥思苦想，1952年他有了让玻璃的熔液浮在一种天然平滑的液体的表面的想法，接着，他花了7年的时间和700万英镑开始研究一种新型的玻璃——浮法玻璃。

浮法玻璃是这样加工的：把熔化的玻璃从熔炉里抽出来，使其成为一条连续的玻璃带，让其浮在盛满锡溶液的池子表面。由于锡的分子结构比玻璃紧密，因此，锡溶液能在相当长的时间内保持很高的温度，使浮在其表面的玻璃上凹凸不平的部分熔化，这样，玻璃板变得又光又平。由于各种自然力的作用，用这种方法生产的玻璃板约有6毫米厚，并不能满足市场上特殊用户的需要。

>> 更多介绍

人类学会制造使用玻璃已经有上千年的历史了，但是1 000多年来，建筑玻璃材料的发展是比较缓慢的。随着现代科学技术和玻璃技术的发展及人民生活水平的提高，建筑玻璃的功能不再仅仅满足采光要求，而是要具有能够调节光线、保温隔热、安全（防弹、防盗、防火、防辐射、防电磁波干扰）、艺术装饰等特性。现在，已经开发出了夹层、钢化、离子交换、釉面装饰及化学热分解等新技术玻璃，使玻璃在建筑中的用量迅速增加，成为继水泥和钢材之后的第三大建筑材料。

用玻璃制成的容器可以盛放不同饮品

123

眼镜

科学史上的伟大发明

人类天生就不是完美的动物，其体力远不及大象，其听觉远逊于蝙蝠……然而，正是这些缺憾造就了人类的智慧，他们发明了起重机、雷达……人类表现得比所有的动物都强大。眼镜正是这样一项伟大的发明，它打破了人类生理视力能力的制约，使人类走进了一个海阔天空的世界。

古人们早已知道凸透镜使东西看起来变大了的事实，而第一个想到用透镜来矫正视力的人，是来自佛罗伦萨的科学家索文诺·德格里·阿马迪。大约在1280年，他用水晶磨成一对凸透镜，制成世界上第一副远视眼镜。阿马迪将他的发明机密告诉比萨的亚历山大·迪拉·斯皮纳修道士。后来，斯皮纳将这个秘密公诸于众。于是，到14世纪上半叶，意大利出现了许多眼镜制造厂，许多意大利人都佩戴了眼镜，而威尼斯也成了眼镜制造中心。

至15世纪，用于矫正近视的凹透镜也被制造出来。拉斐尔的名画教皇利奥十世像上，就出现了这种眼镜。自此，镜片不再根据年龄分类，而是根据度数分类。

拉斐尔的名画——教皇利奥十世像

阿马迪发明眼镜的时候，还没有眼镜架。当时的眼镜，有人用手举着，有人把它缝在帽子上，有人则放在眼窝上……就这样胡乱戴了好几百年。16世纪，德国开始制造有镜桥联结的眼镜。后来又出现了夹子式镜架，戴上这种眼镜，鼻梁压挤得难受，当然很不舒服。有人无意中发现了耳朵的妙用，把眼镜的两条腿弯一下，让它挂在耳朵上不是很方便吗？于是出现了带镜脚挂在耳朵上的眼镜。第一副带镜脚的眼镜是在16世纪末，由埃尔·格雷科制成的。从此，眼镜的形状基本固定下来。

19世纪中期，镜片设计经历了从平面镜

1784年，富兰克林发明的双焦点眼镜片，上半部用来远眺，下半部用于近距离阅读。

片到双凹镜片或双凸镜片的过渡，最终于 1890 年左右出现了我们今天通常采用的新月形曲率矫正镜片。

值得一提的是，今天颇为流行的隐形眼镜在 19 世纪就已出现。1827 年，隐形眼镜首先由英国物理学家赫谢尔爵士设想出来，到 1887 年，瑞士苏黎世的弗里克医生研制出精度较高的镜片后而得以实现。

19 世纪后半期，对眼镜的光度研究也取得进展。1860 年，远距离视力表由屈勒和斯内伦编制出来，使视力量化。1872 年，开始使用屈光透镜来表明镜片的度数。

进入 20 世纪，眼镜得到了更全面的改进和发展。人们很早就发现玻璃并不是制作眼镜的最理想的材料，存在重量大且易破碎的弱点。20 年代，耐磨性及抗冲击性较强的水晶镜片被制作出来，由于价格昂贵，能接受的人并不多。二战期间，人们从制造飞机驾驶窗的有机材料中受到启发，经多次试验，改进制成了树脂聚合物。战后，这种聚合物开始用于镜片制作。

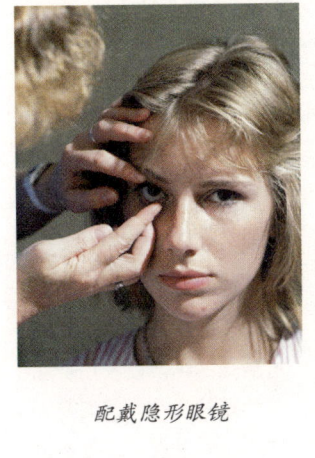

配戴隐形眼镜

功用不同的眼镜可以为人们增色不少

>> 更多介绍

随着人们生活水平的提高，对物质质量的要求也越来越高，哪怕只是眼镜这样的小物品也出现了越来越多的革新。

为了防止强光炫目，人们用彩色玻璃制成了太阳眼镜，有灰、绿、茶、墨绿等多种颜色。近年来，由于变色玻璃的问世，变色玻璃眼镜或称自动太阳镜也应运而生。变色玻璃眼镜在暗处是无色的，但到了阳光下，不到半分钟，玻璃就会变成青灰、黑或棕褐色。

现在，还出现了用来治疗失眠症的催眠眼镜；能够帮助行动困难的人开电灯、开电视等的视控眼镜。眼镜的功能正在不断扩大。20 世纪 90 年代，美国甚至开发出一种智能型渐变折射率玻璃镜片，这种镜片可以使电脑、太阳能电池、照相机的光学系统发生革命性的变化。

钟 表

早 在五六千年前，古人们就曾挖空心思，希望采用某些规则运动来计时，终于，非凡的智慧结出了硕果——人类创造出很多有趣的计时法。随着计时法的出现，各类钟表也应运而生。今天，随风飘荡的钟声以及指针滴答的移动声，将我们带入了另一个世界。在这个世界里，无论是飘然而逝的过去，还是不可预知的未来，都被指针清晰地定格在了一根无限长的数轴上。钟表的出现，使人类能够精确地把握生命中的每分每秒。

在古代，人类主要利用天文现象和流动物质的连续运动来计时。中国人发明制造的日晷、漏壶，以及水运仪象台都是世界上最古老的计时器。而能够持续不断工作的钟表的出现，改变了白天黑夜分别计时的传统，使一昼夜均等24小时的计时制得以推行。这一计时制的出现，成为时间观念史上的一件大事。

古老的漏壶

欧洲古老的机械钟，出现在14世纪的欧洲，它是由挂在绳子一端的重锤所驱动，绳子的另一端绕在一个轴上，随着重锤的下降，轴相应的转动，再通过齿轮带动钟的指针旋转。

1510年，德国锁匠彼得·亨兰率先用钢发条代替重锤，创造了用冕状轮擒纵机构的小型机械钟表，然而这种表的计时效果并不理想：发条若是上得太紧，指针就会走得过快；发条若是上得过松，指针就会运行得慢。

针对这一缺点，捷克人雅各布·赫克对其进行了改进。他设计出一个锥形蜗轮，由锥形蜗轮和一卷发条共同组成表的驱动机构。当发条逐渐舒张时，它通过一条

可爱的闹钟

关键人物

荷兰著名物理学家惠更斯，1629年4月14日出生于海牙。他自幼聪明好学，思想敏捷，多才多艺。曾受到当时的名人笛卡儿的直接指导。1655年，在布雷达大学获法学博士学位。1663年，惠更斯访问英国，并成为刚建不久的皇家学会会员。1666年，他应路易十四邀请，任刚建立的法国科学院院士。

惠更斯是介于伽利略与牛顿之间一位重要的物理学先驱，他留给人们的科学论文与著作68种，《全集》有22卷，在碰撞、钟摆、离心力和光的波动说、光学仪器等多方面做出了贡献。惠更斯从实践和理论上研究了钟摆及其理论，做成了世界上第一台精确的摆钟，为人类的钟表事业做出了巨大的贡献。

绳子带动锥形蜗轮和表内的齿轮。锥形蜗轮的形状恰好能够补偿发条出力的变化。当发条卷紧时,作用力强烈地作用在锥形蜗轮的顶端,这里的杠杆作用较弱;当发条慢慢放松时,它的拉力就减弱,作用力作用在蜗轮轮子的底部,而这里的杠杆作用则较强。因此,钟表机械得以均匀地运转。

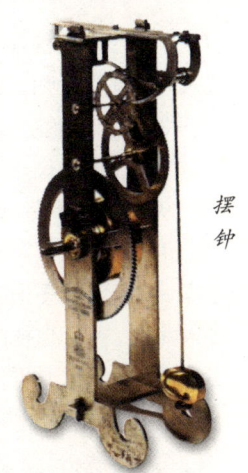

摆钟

1657年,荷兰物理学家惠更斯首先把重力引入钟表,做成了世界上第一台精确的摆钟。摆钟不像以前的钟表要另设驱动机构来推动对称横臂,而是由地球重力推动。随着单摆被用于时钟,时钟的精度越来越高,到了17世纪中叶,钟表的最小误差已由每天15分钟,减少到10分钟。精确时钟的出现,使各地区的时间协调统一起来。

17世纪后期,游丝的发明,为现代精密机械钟表的出现奠定了基础。机械钟表虽有多种结构形式,但其工作原理基本相同。它主要是由原动系、传动系、擒纵调速器及指针系式上的条拨针系条组成。到了18世纪启蒙运动和工业革命开始的时候,钟表制造业已逐步实现工业化生产,并且达到了相当高的水平。钟表已经充分扮演了"一切机器之母"的重要角色,成为社会生活快节奏的缔造者。

到了20世纪,随着电子工业的迅速发展,电池驱动钟、交流电钟、电机械表、指针式石英电子钟表、数字显示式石英钟表相继问世。1929年,在贝尔实验室工作的英国人霍顿和加拿大裔美国人玛利森首次研制出晶体石英钟。这种高质量的石英钟在温度不变的环境中每天误差仅0.1毫秒或误差十亿分之一。石英钟一经问世,便引起了人们的轰动。

1942年,著名的英国格林尼治天文台也开始采用石英钟作为计时工具。20世纪70年代,石英钟的制作技术突飞猛进,应用同一原理制成的石英表亦开始风靡全球。继石英钟之后,更为先进的原子钟问世了。它是由原子振动来控制的,是目前世界上最精确的钟,即使经过100万年,其偏差也不会超过1秒钟。如今,时间观念已经渗透至每一个人的生活中,守时成为一种美德。

格林尼治天文台　　　　不同款式的时钟

钢琴

笼罩着早期键盘乐器的薄雾轻烟，随着钢琴的发明而消散，钢琴艺术的历史至此拉开了帷幕。从19世纪开始，钢琴便以它宽广的音域及丰富的表现力，在众多乐器中脱颖而出，成为傲视群雄的"乐器之王"。同时，钢琴以它独特的艺术魅力，吸引了众多优秀的音乐家创造出大量风格不同的钢琴音乐作品，由此激发出一大批让世人瞩目的钢琴演奏大师。与之相生的钢琴制造家、理论家、教育家也层出不穷……

钢琴的前身是拨弦古钢琴，也称作羽管键琴。它与现代钢琴的内部原理大致相同，都是在琴体内部装有音板和许多拉紧并列的琴弦。不同的是，钢琴的弦槌击弦发音，拨弦古钢琴用羽管制的拨子拨弦发音。另外，还有一种与它们同一血统的键盘乐器——击弦古钢琴，它同样是一种装有击弦装置的乐器，用铜制的弦槌击弦发音。

17至18世纪，拨弦古钢琴有着显赫的位置。但是随着时间推移，欧洲大陆音乐迅速发展，音量弱小的拨弦古钢琴已不能满足音乐家们的需要，因而逐渐被音量洪大的钢琴所取代。

钢琴的发明者是克里斯托弗里，他原是意大利佛罗伦萨美第奇家族的一位羽管键琴制造师，有着丰富的造琴经验。在总结了拨弦古钢琴的优缺点后，1709年，他以羽管键琴为原形，制作出一架被称为具有"强弱音变化的古钢琴"。他在钢琴上采用了以弦槌击弦发音的机械装置，代替了过去拨弦古钢琴用动物羽管拨动琴弦发音的机械装置。克里斯托弗里的钢琴机械装置甚至还有一个"擒纵器"，在音锤打击钢琴琴弦使其振动后，擒纵器立即使其停止振动，恢复到原来位置，准备再次受击振动；而演奏者的手指却仍然按在键上。这样一来，钢琴演奏者就可以通过手指触键直接控制他演奏声音的变化了。这一富有创新的改进，弥补了古钢琴几乎无法调节音量的缺点，从而使琴声更富表现力，音响层次更丰富。

华贵的钢琴

关键人物

巴尔托洛奥·克里斯托弗里（1655～1731），意大利乐器制作家。他曾是一个制造拨弦古钢琴的乐器工匠，在长年累月的制琴过程中累积了丰富的经验，于1709年发表了最早的钢琴图解和说明，成为钢琴这种伟大胜利乐器的发明人。

1709年后,克里斯托弗里又进一步改革了原来击弦机的结构。这一次,他在这部机械中安装了一种与现代击弦机的复震杠杆系统近乎完全一致的起动杠杆,使击弦速度比原来加快了10倍,而且可以快速连续弹奏;音域也增加为4组。可以说,这就是现代钢琴的雏形,这一发明为以后的钢琴制作师们打开了通往成功之路的大门。

纽约的音乐圣殿卡内基大厅

钢琴在它诞生的头一个世纪中经历了多次改良。虽然开始它被形容成锅炉工制造出的粗陋机械,少有优雅之色,但随着时代的变迁,人们对音乐风格赏析的转变以及音乐素养的日益提高,声音尖锐、古板、缺乏生机的拨弦古钢琴被音响丰富、细腻、洪亮的钢琴所替代是历史发展的必然趋势。

它能给人们带来美的感受

1722年克里斯托弗里制作的钢琴

>> 更多介绍

钢琴英文名叫"Piano",它的全名应叫"Pianoforte",意为"弱强"。由于这件乐器既能发出弱音,又能发出强音,才有了这么一个极为形象的名字。后来,为了称呼上的方便,人们将表示强音的"forte"略去,只保留表示弱音的"piano",一直沿用至今。

抽水马桶

抽水马桶是谁发明的，连许多专家也说不清，但可以肯定的是外国人发明的。20世纪六七十年代，抽水马桶开始在欧美盛行，后来传到日本、韩国等亚洲国家。人类出于本能的需要，从呱呱坠地到寿终正寝，都要吃饭喝水，随时补充自己的体能，只有正常的新陈代谢才能保证一个生命的延续。说到一个人的拉撒，似乎有些不雅，但这却是客观存在。我们不喜欢谈论厕所，但实际我们很在意它，当你入住一所漂亮的房子时，总要关注它的排水系统和卫生设施是否完备，而和这些有着密切联系的是抽水马桶。很难想象，人们能在一个没有完善的抽水马桶和地下排污设施的城市呆多久。

1595年，伊丽莎白女王的侍臣约翰·哈林顿爵士，在意大利旅行途中听说了一项令人神往的发明，即一种用水冲掉污物的厕所。当时，伊丽莎白女王上厕所时感到很不舒服，一直抱怨里士满宫殿里弥漫着未倒空的便器味儿。于是，哈林顿前来解难，在里士满宫中试修了一个抽水马桶，结果证明很成功。

早期的抽水马桶

哈林顿的设计只是一个超越时代的特例。当时的抽水马桶由于没有任何排污的主管道、没有自来水、也没有什么钱来支付管道装设费用等因素，对大多数人而言仍是不切实际的。他们的排污方法只有一个，就是让掏粪工人将粪便集中起来用车运走，倒进化粪池，化粪池装满后，又得重新挖新的，一切依然照旧。

第一种普遍使用的抽水马桶直到1775年才由伦敦的一名钟表匠克明斯发明。这种马桶上方有一个水箱，一拉手柄，打开阀门，水就流下，同时打开滑阀，把金属马桶里的粪便冲入粪坑。

18世纪后期，英国发明家约瑟夫·布拉梅在克明斯发明的基础之上，又改进了抽水马桶的设计。他采用了一些构件，诸如控制水箱里水流量的三球阀，它能把出口封住；另外还有U形管，它能够保证污水管的臭味不会让使用者闻到。布拉梅改良的抽水马桶1778年取得了专利权。

1870年，英国陶瓷工匠泰福德设计出整体式陶瓷马桶，它的成本比金属马桶低，它有一条蛇形排水管，即S形管，或者说是下水道的存水湾，它总是保存一些水，

方便使用的抽水马桶

生 活 篇

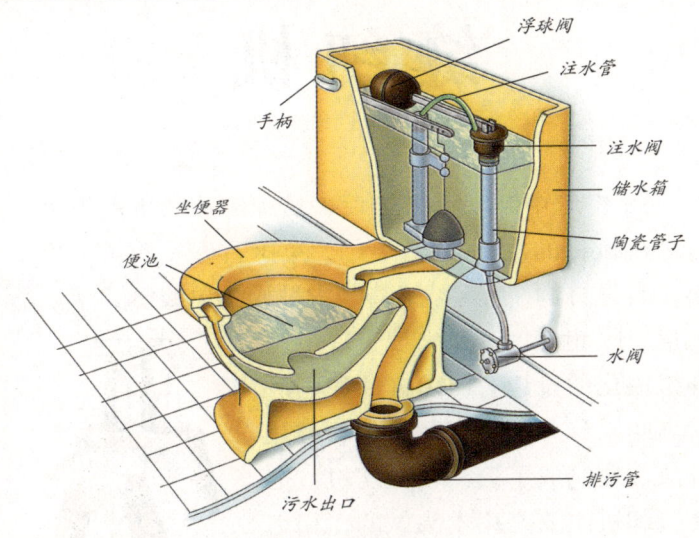

抽水马桶结构示意图

>> 更多介绍

抽水马桶发明至今已有四百年，其萌芽却可以追溯到更久远的年代。考古学家们发现，远在古埃及、古罗马和古希腊时代，已经有类似水冲马桶的装置存在。

古代中国在这方面并不落后。中国考古学家在河南省商丘的西汉王墓中，发现了一座陪葬的水冲马桶装置。这个时期用石头做的马桶有马桶座和扶手，可以通过管子用水冲洗。中国人对抽水马桶的最早的记载，大约是在1866年。张德宁在《航海述奇》一文中描述在天津和上海间行驶的"行如飞"号轮船，谈到了船上的抽水马桶。他写道："两舱之中各有一净房。入门有净桶，提起上盖，下有瓷盆。盆下有孔通于水面。左右各一桶环，便溺毕则抽左环，自有水下洗涤盆桶。再抽右环，则污物随水而下矣。"

这些水相当于一个密封垫，将管道内积存的臭气堵住。

1889年，英国水管工人博斯特尔发明了冲洗式抽水马桶，它结构简单，采用了储水箱和浮球阀，所用的阀门和杠杆比以前少，所需水压也低得多，一拉链子，水就从上面的铸铁水箱冲下来，把马桶冲洗干净，水箱水位降低后，浮球阀就自动打开，屋顶水箱里的水就把水箱重新灌满。至此，抽水马桶的结构基本上稳定下来，而抽水马桶的铸铁零件也尽可能地改成了不生锈的塑料。

直到19世纪后期，欧洲的城镇都已安装了自来水管道的排污系统后，大多数人才用上了抽水马桶。

如今，虽然许多人仍在沿用老式马桶，但随着新建住宅的涌现，城市化的扩大，有越来越多的人家都将使用抽水马桶。而曾被看作是藏污纳垢之地的厕所，也因为抽水马桶的冲洗方便和清洁卫生，消除了人们那种紧张和不舒服的感觉。

现在的抽水马桶

缝纫机

从人类有了第一根针的时候开始，缝纫就一直是用针将织物连接在一起的。

在缝纫机发明之前，缝纫是用手工操作的一种很慢很艰苦的工作。将一根针这种简单的传统缝制方法逐渐发展成为一台复杂的机器，是把多种新创意和多项发明融合在一起的结果。于是，依靠灵巧的机械装置来减轻手工劳动的缝纫机诞生后，马上便为人们所接受，并且越来越受到人们的欢迎。

缝纫机的发明，使许多缝纫类的工作都不再完全依靠手工来完成。这样，不仅大大地减轻了妇女的家务负担，而且也对19世纪60年代以后的服装款式产生了重要影响。由于有了缝纫机，衣服的制作变得更为容易和精致。从那以后，缝纫机在设计上不断有所改进，有的缝纫机上还装上了电动机。

18世纪中叶工业革命后，纺织工业的生产促进了缝纫机械化的发展。1790年，英国首先发明了世界上第一台先打洞、后穿线、缝制皮鞋用的单线链式手摇缝纫机。19世纪时，又出现了许多缝纫机械化的设想。1830年，法国一个名叫巴瑟莱米·蒂蒙尼尔的穷裁缝成功地制成了第一台缝纫机，这台缝纫机主要是用木头做的，相当笨重。

在美国，缝纫机却得到了进一步的发展。美国人艾尼尔斯·豪和艾萨克·辛格在互不通气的情况下，都独立设计出了实用的缝纫机模型。

艾尼尔斯·豪第一个制造出用针尖带孔的针进行双线连锁缝纫的缝纫机。在童年时，艾尼尔斯·豪就喜爱各种机械，长大后，他涉足各种机械手艺，并在一些机械厂里工作过。一次偶然的机会，他从朋友的谈论中得知，如果发明一种能代替手工完成缝纫工作的机器就会发财致富。于是，从1841年起，艾尼尔斯·豪就将全部精力投入缝纫机的研究中。经过5年的努力，艾尼尔斯·豪终于在1846年将他的缝纫机申请了专利。

一开始，艾尼尔斯·豪发明的缝纫机由于操作比较难而没有引起美国人的注意，也没有被大规模地推广。

艾尼尔斯·豪有些失望，他在没有挖掘到缝纫机的潜力之前就草草地将缝纫机发明专利权转让给了英国人。但他并没有放弃对缝纫机的研究，后来他到英国去工作，并继续完善他的发明。一番努力的结果是，他的缝纫机不仅能加工布制品，同时也能缝纫皮革和其他类似的材料。另一位美国人，艾萨克·辛格较艾尼尔斯·

1830年，巴瑟莱米·蒂蒙尼尔制成的第一台缝纫机。

老式缝纫机

豪晚数年研制出第一台实用的缝纫机。1851年，辛格接受了修理一台缝纫机的工作，在修理时，他萌发了自己动手制造缝纫机的念头。11天后，他设计出经过改进的一台样机，并以胜家公司的名义公开出售。这种缝纫机的特点是可以连续进行曲线缝纫，用一个装有弹簧的压脚压在布料上面，使之保持好摆放位置，布料随着下面的一个牙轮的旋转而向前移动。辛格在这台机器的设计中将蒂蒙尼尔和豪的机器中的部件组合起来，既可以靠转动把手进行手工操作，也可以用一个脚踏板操作，克服了操作难度大的困难。

19世纪30年代的双线连锁缝纫法，后来所有的缝纫机都采用了这种缝法。

辛格的缝纫机很快便受到人们的青睐，不久就风行全美国。尽管获得了这样巨大的成功，但辛格后来却因为剽窃艾尼尔斯·豪的发明而被起诉。辛格为此每年要付给豪一笔巨额款项，但他并没有因此而放弃缝纫机的生产，他的缝纫机生产还是壮大起来了。

辛格的成功在很大程度上要归功于他已认识到"卖得越多，所获得的利润就越大"，因此，他所在的胜家公司开发了廉价制造缝纫机的方法，采用成批的生产工艺和分期付款销售方式，深受人们的欢迎，其业务量也不断增加。到1860年，胜家公司已成为世界上最大的缝纫机制造厂家。

1853年，辛格获得缝纫机的发明专利。

以前人们经常用到的缝纫机

>> **更多介绍**

20世纪七八十年代，缝纫机是深受中国人欢迎的"结婚四大件"之一，（另外三件是：自行车、电风扇、收音机），上海的蜜蜂牌、蝴蝶牌（早期叫无敌牌）缝纫机曾供不应求。大约自90年代始，购买成衣成为中国人的衣着习惯，缝纫机开始逐步退出家庭。许多小型裁缝店亦被大型的服装厂兼并，服装厂工人们使用的是电动缝纫机，家用缝纫机的辉煌已渐渐成为过去。

罐头食品

长期以来，食物的贮存一直是人们发挥创造性的领域。虽然曾有人将食品放在冰的周围保鲜，以致使冰箱成为第一批较为实用的冷冻装置。但是发明一种在任何气候条件下和任何地方都能长期保持味道新鲜的食品，一直是多少代人梦寐以求的愿望。200 年前，在拿破仑战争机器的直接推动下，人类多年的梦想最终变为现实。

18 世纪末，拿破仑率领的法国军队远征意大利、埃及和叙利亚，由于供给线过长，许多食品在运输途中就腐烂变质了，为了解决这一问题，法国政府于 1795 年悬赏 12 000 法郎，征求长期保存食品的方法。看到公告，许多人马上开始研究和试验。在研究者中，出现了一个名叫尼古拉·阿佩尔的巴黎人。

阿佩尔是一个多年从事蜜饯食品加工的商人，具有丰富的食品加工知识和经验。看到公告，他立即开始了自己的试验行动。阿佩尔根据自己的实践知道，放在玻璃瓶里的食品易于保存，而且保存食品时，应当尽量隔绝空气。阿佩尔按这样的思路进行试验，但由于条件限制，始终无法将食品与空气隔绝开来。

1804 年初夏的一天，阿佩尔因面粉紧缺无法制点心，便将已煮沸的果汁放入瓶中，加软木塞后放置了起来。没想到面粉到货竟在一个月后。当阿佩尔沮丧地打开果汁瓶时，他发现了一个奇怪的现象——居然没有闻到预料中的馊味，而是有一股果香冒了出来，原来，果汁没有变坏。阿佩尔兴奋极了，他决定再试一次。阿佩尔将肉装进瓶里，放到蒸锅中蒸了 2 小时之后取出来，又趁热将软木塞塞紧、瓶口用蜡封好。这回，瓶中的食物被成功地储存了两个月之久。

阿佩尔在兴奋之余向法国政府报告了他的"密封容器贮藏食品新技术"。法国政府如法炮制，并带到海上去考验。几个月后的鉴定结果表明这是一项非常成功的食品保存技术。很快，这种罐头被大量生产出来，并且阿佩尔的罐装食品技术也从法国传到了欧洲各国。

良好的储存性能使阿佩尔的罐头风靡欧洲，大受欢迎。不过，他的罐头材料用的是玻璃瓶，比较重，也容易碰碎。

尼古拉·阿佩尔

各种各样的罐头食品

能用更好的材料来取代玻璃瓶吗？英国罐头商丢兰特解决了这个问题。最早，茶叶用木箱或竹筒盛装，后来改用锡罐装茶以防潮。

19世纪初，人们发明了在铁皮上镀层锡的马口铁后，就改用马口铁来装茶叶了。丢兰特从茶叶罐的材料变迁中想到用当时流行的马口铁来制成罐头，并且他亲自动手，制出了世界上第一只铁皮罐头。铁皮罐头轻巧、密封性能良好，还不易碰坏，便于运输。1823年，丢兰特在英国申请了专利，开办了世界上第一家马口铁罐头厂。可是由于完全用手工生产，罐头成本非常高。到1847年专门压制罐头的机器发明后，生产成本才降了下来。

铁皮罐头

在铁皮罐头又风行了100年之后，美国人莱依诺尔茨想到试用其他材料来制作罐头。1947年，世界上第一只铝罐在莱依诺尔茨手中诞生，它用薄如纸片的铝箔制成，十分轻巧。以后，人们又将它发展成更加方便的易拉罐。

1823年的罐头

二战时的罐头海报

>> 更多介绍

1809年，阿佩尔因为"密封容器贮藏食品新技术"而得到了法国政府给予的1.2万法郎赏金。1812年，他用这笔钱在法国开设了世界上第一家罐头厂，命名为"阿佩尔之家"，产品多达70余种。至此，罐头的历史与这个叫阿佩尔的人就永远联系在了一起。

阿佩尔虽然得到了高额奖金，但他却并不知道罐头保鲜的原理，而那些生产出罐头的人，在很长一段时间里，对于罐头为什么能够长期保存食品而不变质，同样也只是知其然而不知其所以然。这个奥秘最终是由法国著名科学家巴斯德在1857年解开的。

巴斯德证实食物腐败是微生物在作祟，他在用科学试验证明肉食罐头的安全卫生性的同时，指出单靠密封防止外来的细菌是不够的，还需严格消毒杀死罐头内部的细菌。这些都是他的细菌致病理论、巴氏杀菌法的应用。至此，巴斯德食品罐头流行起来。

科学史上的伟大发明

雨衣

下雨打伞有几千年的历史了。打着伞走路还可以,可干活却不方便。我国古代早就有了用棕丝编织的蓑衣。这可能是最早的雨衣,至于用橡胶制作雨衣,是近代的事。这项发明尽管没有很复杂的科技含量,但它出自于一个名不见经传的工人之手,就愈加显得难能可贵了。

1823年,马辛托什到一家制橡皮擦的工厂做工。当时,生产橡皮擦的工序非常简单:把从南美运来的生橡胶,倒在大锅里熬煮,等熔化后再加入一些漂白剂漂白,然后倒在制橡皮擦的模型中,等它冷却下来就凝结成一块块橡皮擦了。

有一天,马辛托什正端起一大盆熔化的橡胶汁,往一大排模型里浇灌,一不小心,脚底下滑了一下。他急忙稳住身子,好在胶汁没打翻,虽然侥幸没被烫伤,但衣服前胸洒满了橡胶浆。无奈,他只得用手去抹沾在衣服上的橡胶液,企图把它擦掉。可是,衣服上的污点粘得牢牢实实的,根本擦不掉。由于这一天的工作特别忙,他便没有去换衣服。

下班的时候天色已晚,马辛托什没有换衣服就匆匆离开了工厂。回家的路上,忽然下起大雨来。倾盆大雨将马辛托什淋成了落汤鸡。回到家,他赶紧更换衣服。就在这时他发现,被橡胶汁浇过的地方,竟然没有被雨水湿透。这真是一个意外的发现。善于捕捉灵感的马辛托什抓住了这个机会,他联想到:如果在衣服上有意浇上一层橡胶液,不是可以做到滴水不入了吗?

马辛托什立即动手试制理想中的防水雨衣。可是在衣服上涂橡胶很难涂匀,将胶液涂在布上,再做衣服。这样做也还是不行,橡胶很容易被蹭掉。经过一番研究,马辛托什想出了一个办法。他用两层布,先在

外观漂亮的雨衣

关键人物

马辛托什生于苏格兰的一个工人家庭,贫穷的家境使他在少年时代就进工厂做工了。他很聪明,也很爱学习,虽然工作十分繁重,但他稍有闲暇便跑到图书馆读书。机会总是眷顾那些有准备的人,由于马辛托什的细心使得他在1823年的一次意外中发明了用橡胶制作的雨衣,为人们雨天出行带来了极大的方便。

生活篇

一层布上浇一层橡胶液，再把另一层布覆盖上去。这样，布面上看不到橡胶了。他用这种夹橡胶的双层布料做成大衣，先在自己身上试穿，觉得相当的舒适。下雨天，他特地穿着它到旷野里转了一圈，回到家里脱下来一看，里面的衣服一点也没湿。他高兴极了，于是，立即跑到专利局去申请专利。

接着，马辛托什便筹措资金，想办厂生产自己发明的防雨衣。一个精明的资本家看中了这个有利可图的新发明，便出资支持了他。这样，世界上第一家雨衣工厂在苏格兰诞生了。

中国古代的蓑衣

橡胶雨衣投放市场后，十分受欢迎。马辛托什成了雨衣的发明人，以后经过不断的改进，市面上出现了许多新颖的雨衣，像塑料雨衣、尼龙涂塑雨衣等，但马辛托什最初发明橡胶雨衣的功绩是不可磨灭的。人们并没有忘记他的功劳，大家都把雨衣称作"马辛托什"。直到现在，"雨衣"这个词在英语里仍叫做"mackintosh"，即马辛托什。

>> 更多介绍

马辛托什发明的雨衣受到了大众的好评和欢迎，这引起了英国冶金学家帕克斯的注意，他研究起这种特殊的衣服来。帕克斯感到，涂了橡胶的衣服虽然不透水，但又硬又脆，穿在身上既不美观，也不舒服。他决定对这种衣服作一番改进。没想到，这一番改进竟花费了十几年的工夫。到1884年，帕克斯才发明了用二硫化碳做溶剂，溶解橡胶，制取防水用品的技术。为了使这项发明能很快应用于生产，帕克斯把专利卖给了一个叫查尔斯的人。以后便开始大量地生产，"查尔斯雨衣公司"的产品也很快风靡全球。

雨衣的发明给人们带来了极大的方便

137

科学史上的 伟大发明

火柴

从最初的利用天然火到钻木取火、击石取火，从硫、磷等物质的研究与利用，到我们今天安全火柴及其各种改进火柴的出现，一根小小的不起眼的火柴经历了如此漫长的旅程才走到了今天，它的生命几乎和人类的历史一样漫长。

火是自然界本来就存在的现象，雷电、火山喷发、森林中堆积物的自燃都会引起大火。原始人最初正是从天然火中采集火种来照明、取暖、烧烤食物、抵御野兽的袭击。但是这样的火如果不持续添柴的话，迟早是会熄灭的。天然火又不是随时都会出现的，现实迫使原始人必须设法自己能生出火来。

经过漫长的探索，大约在旧石器时代中晚期，原始人发明了钻木取火。双手搓动带尖的木棍，木棍和树剧烈摩擦，产生很高的热度，最后冒出火星来。约公元前1.2万年前后，人们又发明了击石取火。敲击两块石头或石头与铁片，就会产生火花，引燃干燥的木屑或火绒。

钻木取火

后来，人们又发现硫磺遇热就会燃成火焰。利用这一特性，最原始的火柴被制作出来。在麻片上蘸上熔融的硫磺，用时只要将它轻触炭火或经火绒上的火星一引，它就会迅速燃烧起来。公元前2世纪，由西汉淮南王刘安手下的炼丹术士发明的发烛，可看作是火柴的前身。

用发烛或蘸硫磺的麻片引火仍少不了打火装置，因为它们还是不能自动生火。这个难题的解决是与磷的发现与研制分不开的。

关键人物

被后人尊称为"化学之父"的罗伯特·波义耳于1626年1月25日出生在爱尔兰的一个贵族家庭。在伊顿公学毕业后，到欧洲大陆去游学访问，在法国、瑞典和意大利的旅行学习，开阔了他的知识视野，产生了研究科学的终生夙愿。

波义耳不仅在化学领域有突出贡献，而且在气体物理学、流体力学等领域也作出过重大贡献。他还是英国皇家学会的创始人，担任过会员，后被选为主席。

生活篇

1669年,一位德国的炼金术士布兰德从人尿中分离出一种白色蜡状物质,在黑暗中发着冷光,布兰德将其命名为磷,意思是"发光者"。布兰德未公开他的发现,但磷这种自然界诱人的物质,还是幸运地在1680年被当时英国的大化学家波义耳再度发现。

磷的发现被应用在火柴上

在波义耳发现磷后不久就有人试图制造火柴,世界上第一根火柴诞生于200多年前的意大利。火柴梗用木棒制成,火柴头的主要成分是氯酸钾和蔗糖,使用时将火柴头接触一下浓硫磺,片刻后火柴头会剧烈燃烧。

1827年左右,英国药剂师约翰·沃克制出了最早的摩擦火柴。火柴头裹了一层加树胶和水制成膏状的硫化锑和氯酸钾。把火柴夹在砂纸中拉动便会着火。比起带浓硫磺,这种火柴要安全得多,因此也被叫做"安全火柴"。

1834年,以白磷为原料制作的火柴逐渐流行开来。但白磷是一种极易燃烧的物质,在空气中稍一受热,就会烧起来,容易引起火灾。而且白磷有毒,长期使用会致人死亡,所以,白磷火柴又叫"有毒火柴"。19世纪末,白磷被三硫化四磷取代。

1845年,德国人施罗脱制成红磷并用于火柴制造,红磷火柴安全无毒。19世纪50年代中期,瑞典制造商伦德斯特罗姆将磷与其他易燃成分分开,把无毒的红磷涂在火柴匣表面的擦面上,其他成分则涂在火柴头上,藏于匣内。这样,火柴头只有在擦面上摩擦才能点燃,这就是沿用至今的"安全火柴"。

>> 更多介绍

随着科学技术的不断发展,世界各国的火柴制造业也在品种上标新立异,以争夺市场。

前苏联有人发明了一种强烈高温火柴,每根能点燃3小时,它会发出像氢氧吹管一样猛烈的火焰,可以用来代替电焊,切断和焊接钢铁。日本有一种"浮士绘版画"火柴盒,每根火柴长12厘米,装潢相当考究,曾风行全世界。美国的一位叫所轻的工程师,也曾发明了一种"永生"火柴,据说只要备有一根,便能长期使用。可他却因此成了火柴老板的眼中钉,就在他宣告试验成功的当晚,竟遭到凶手的刺杀。后来奥地利一位化学家也研制了一种永久火柴,不过他的工艺配方很快被瑞典火柴大王克鲁格收买,人也被软禁了。美国钻石火柴公司还发明了一种新式安全火柴,它燃烧的热度只有目前火柴的一半,而且能自行熄灭。 此外,还有音乐火柴、多次燃火柴、微声火柴、电影火柴、感光火柴、高级芳香火柴等等,真是五花八门,应有尽有。由此也看出,火柴很难被各种现代化的打火机所完全代替。

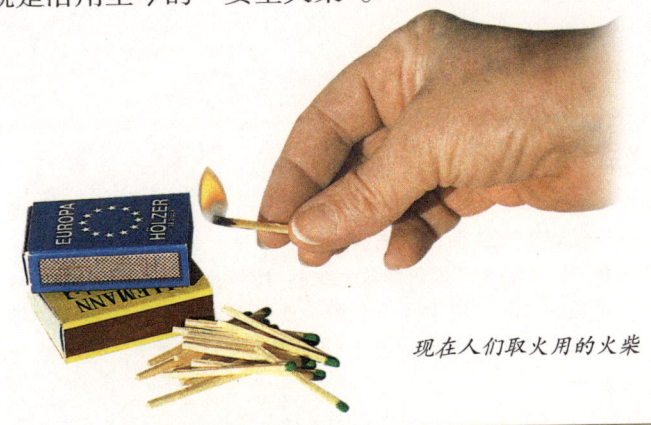

现在人们取火用的火柴

邮票

对人类文明进程产生深远影响的第一个真正大范围的邮政系统,是在大约2 500年前由古代伊朗的波斯人建立的。人们一般认为,帝国的开创者居鲁士大帝建起了高效率的邮政系统,运行于皇家大道的沿线,整个系统建立了许多驿站,以接力的方式传递信件。这些驿站与现代邮政系统的某些特征具有惊人的相似之处。

在信封诞生之前,人们对保守信件秘密颇伤脑筋。据说,古希腊的奴隶主为了保守秘密,曾经使用奴隶的头皮来传递消息。他们先将奴隶的头发剃光,在头皮上写信,待头发长长后,便把这封"信"送出,收"信"人只要将送信的奴隶的头发剃掉,就可以读到"信"的内容。古希腊奴隶的头发也许是最能保守秘密的原始信封了。直到1820年,英国布赖城的书商布鲁尔在海滨度假时的偶然发现,才使世界上第一批纸质商品信封问世。原来,布鲁尔在海滨度假时发现,女士们十分喜欢写信,但多情的女士们又怕信中的内容被别人知道,于是,布鲁尔就萌发了设计一种纸糊的信封的想法。没想到,布鲁尔设计的信封投放市场后,深受妇女们的喜爱。

1844年,伦敦又出现了第一台糊信封的机器,与此同时,法国人马凯也开始了信封的工业化印制。从此,纸质信封便风行全球。

邮差

关键人物

罗兰·希尔,英国邮政改革家。他的一生为改革和发展邮政事业作出了重大贡献。他率先倡议邮资预付,也是世界上第一枚邮票的创始人,被誉为"近代邮政之父"。1837年罗兰·希尔提出减低和均一邮资的主张。1850年被任命为英国邮政大臣。1860年被英国女王赐予爵士称号。1879被授予伦敦市名誉市民称号,同年在伦敦逝世,享年85岁。

在 19 世纪 30 年代，英国寄信的规矩是：邮资由收信人支付，如果收信人不付邮资，那他就得不到这封信，邮差便把这封信退还给寄信人。

1840 年的某一天，罗兰·希尔爵士在乡间的小路上散步，他看见一位邮差正与一位姑娘为一封信的邮费而争执。原来，邮差把信送到姑娘手中时，姑娘只是看了一眼信封，便把信件退还给邮差，而拒付邮费。罗兰·希尔看到这一情景，便为姑娘支付了昂贵的邮费，之后，他问起姑娘拒付邮费的原因。原来姑娘为了免付如此昂贵的邮费，又可与在外的丈夫互通音讯，便约定如果丈夫一切安好，就在信封上画个小圈，妻子只要看到这个标记就放心了，而不必把信留下。姑娘的一番话以及她的行动使罗兰·希尔陷入了深深的沉思。经过认真思考，希尔觉得有必要向英国政府建议，废除邮件与邮资付费分开邮寄的操作方式，应该发行一种邮票贴在信封上，作为邮资已付的凭证。英国政府采纳了希尔的建议，实行了新邮政法。

1840 年 5 月 6 日，世界上第一枚邮票诞生了，这枚邮票的图案是维多利亚女王 18 岁时的侧面头像，它的底面为黑色，面值为一便士，是英国早期发行的著名的"黑便士"邮票。另一种是面值为两便士的"蓝便士"。希尔爵士虽然没有直接设计世界上最早的具有现代意义的邮票，但因他的构想得到世人的认可，因而希尔被公认为是邮票的发明人。

黑便士

蓝便士

1848 年，英国人亨利·亚瑟制造出能打一排小洞的扎孔机，1854 年发行的"红便士"邮票，就是第一枚齿孔邮票。

>> 更多介绍

最初的邮票是不带齿孔的，裁邮票时，既麻烦又不容易裁齐。

英国人亨利·亚瑟看到有人用别针在邮票的四周刺上一行小孔，很方便地把邮票撕下来，便从中受到启发，于 1848 年制造出能打一排小洞的扎孔机。1854 年发行的"红便士"邮票，就是第一枚齿孔邮票。

牛仔裤

许多游人来到美国本土西部，不仅会为西部的旖旎风光所陶醉，同时也会迷上西部传奇英雄牛仔的故事，他们更喜欢牛仔们穿的英姿飒爽而又弥漫着乡土气息的牛仔裤。牛仔裤自发明出来已有100多年的历史，它以极强的风格，永远凝聚着真诚的靛蓝色系，成为年轻人没有"保鲜期"的时尚服装。

1850年，列维·施特劳斯和数十万怀着淘金梦的小伙子一样，来到美国旧金山。起初，他开了一家百货店，给淘金者们提供小百货、布料等。热闹非凡的淘金场面、蜂拥而来的淘金工人，给列维带来了灵感，他到远处贩了一批帆布，准备高价卖给工人搭帐篷作临时住宅用。谁知在将帆布运回的路上遇到了连绵阴雨，等他把帆布运到工地时，绝大多数淘金工人已经在下雨前安营扎寨了，因此，这批帆布也就没有任何用途了。眼看所有的积蓄就要花光，而投资却一无所获，列维急得团团转。经过几天的观察，他发现工人们的衣服破得快，列维灵机一动，何不将这批结实耐磨的帆布裁制成裤子卖给那些淘金工人呢？

列维当即找到自己经营杂货店时认识的雅各布·戴维斯裁缝，向他说了自己的想法。于是，雅各布就根据工人们的体型和工作特点，将作帐篷用的帆布缝制成了几百条耐磨结实的"干活时穿的裤子"。列维把这批裤子拿到淘金工地去推销，结果大受欢迎。1853年，列维开办了自己的第一家工厂，以淘金者和牛仔为销售对象，大批量生产"列维"牌工装裤，获得了大量的利润。

为了以优质产品应市，列维购买了一批法国涅曼发明的经纱为蓝、纬纱为白的斜纹粗棉布，这种新式面料不仅坚固耐磨而且美观大方，一上市就大获成功。开始

身穿牛仔裤的艺术家

关键人物

列维·施特劳斯于1829年出身在一个德国犹太家庭，因为厌倦了家族世袭式的文职工作，18岁时就追随两位哥哥远渡重洋到美国去淘金。在美国，列维开了一家日杂百货店。极具商业眼光的他，抓住了当时西部牛仔和淘金者的需要，制成了坚固、耐久、合身而且时尚的牛仔裤，推向世界市场。列维·施特劳斯也因此而成为闻名于世的"牛仔裤大王"。

时，雅各布是自己裁剪，然后交给一些女裁缝、家庭妇女，让她们带回家缝制。但由于工装裤需求量过大，所以没多久两家专门的制作工厂便应运而生。

这种本来专门为矿工设计的劳动裤子，最初还是重体力劳动者的一种象征，但是20世纪50年代，美国好莱坞的几位男影星在一些描写西部生活的影片中穿用了它，结果创造出了一种现代的着装格式。自此，列维发明的工装裤在美国西部流行起来，成为大众的新装，尤其受到西部放牧青年的喜爱，人们给了它一个新名字叫"牛仔裤"。

1871年，列维·施特劳斯为自己的牛仔裤申请了专利，并成立了"列维·斯特劳斯公司"，专门制作销售牛仔裤。后来，这个牛仔裤公司发展成为国际性公司，产品遍及世界各地。

20世纪70年代，牛仔裤进入最辉煌的时代——出身男族的牛仔裤走进了女性衣装的天地，并在缤纷的女装世界里悄然酿造出一种中性化的青春派势：牛仔裤与各种衣衫的搭配中，创造着一种色彩沉稳优雅、款式单纯洗练、做工精致完美的风格。尽管这种做工精细的牛仔裤崇尚造型简洁和颜色温雅，但款型本身变化并不大，这反而更加体现出了牛仔裤款型的稳定和对优美感的专心追求。

款式美丽的女性牛仔裤

牛仔裤受到人们的普遍欢迎

>> **更多介绍**

牛仔裤原本是19世纪的美国人为应付繁重的日常劳作而设计的一种作业服。时过境迁，当年粗重的劳动装，如今跻身时装界，巧妙地迎合流行，不断地变换出新的款式，风靡全球，在时装领域开辟出了一片无可替代的广阔天地。

如今，牛仔装渐渐成为个性服装，它给人印象最深的便是独特的造型。设计师们在保留了其固有风格和特征外，又采用了一些全新的手法，如采用镶边、拼块、穗条等设计方法来突出其豪放、粗犷的特征，达到返璞归真的效果。而且彩色珠与金属片的使用更增加了视觉效果，再配以真皮面料，使其显得更加高档。此外，牛仔装的款型也日趋时装化。短小的牛仔夹克、迷你牛仔裙，喇叭、直筒、锥型的牛仔裤，无不打着时尚的烙印，展现着穿着者的不同风采。

方便面

> 方便面被称为是20世纪最伟大的食品，2003年，它在全世界的产值竟然达到让人惊叹的140亿美元！方便面之所以能够得到市场如此大的青睐，完全在于它的卖点——简易、方便。对于一项新兴的发明来说，最大限度地省去繁琐的环节是至关重要的，方便面即是其中一例。

二次大战后，日本食品严重不足。安藤百福偶尔经过一家拉面摊，看到穿着简陋的人们顶着寒风排起了二三十米的长队。这使他对拉面产生了极大的兴趣。

那时，安藤百福经营着一家小食品作坊，他常常盘算如何将买卖做好做大。面对这种情况，他敏感地意识到大众需求中的巨大商机。于是，他毅然决定开发"方便面条"。

1958年春天，安藤百福在自家后院建了一个10平方米的简陋小屋，找来了一台旧制面机，然后买了18千克面粉、食油等，埋头于方便面的开发。安藤百福设想的方便面是一种只要加入热水立刻就能食用的速食面，他设了五个目标：味道好且吃不厌；保存性能良好；简便，不需要烹饪；价格便宜；安全、卫生。他每天早晨5点起床后便立刻钻进小屋，一直研究到深夜一两点。这样的日子整整持续了一年，没有休息过一天。

面条的原料配合有很大的学问。他把所有想到的东西全部试了一遍，但放到制面机上加工时，有的面松松垮垮的，有的黏成一团。做了扔，扔了又做。整个开发成了一个重复的过程。后来，他总算悟出了一个经验：食品讲究的是平衡。

后来，安藤夫人做的油炸菜肴启发了他。油炸食品的面上有无数洞眼，这是因为面是用水调和的，其中的水分在油炸过程中会发散掉，形成"洞眼"，加入开水，很快会变软。这样，将面条浸在

1971年，碗装方便面开始在日本上市。

关键人物

安藤百福原名吴百福，1910年出生于日本大阪。他是一名中国人，早年由于历史原因加入日本国籍。他发明的方便面一经问世，便广受欢迎，以后逐渐在世界范围内畅销，经久不衰。安藤百福也因此而被称为"方便面之父"。20世纪末期，"世界方便面协会"成立时，当选为会长。

汤汁中使之着味,然后油炸使之干燥,就能同时解决保存和烹调的问题。

1958年,方便面的开发基本完成,进入了试制的阶段,安藤把全家人都动员起来,大家把研制成功的"鸡肉方便面"分发给熟人们,得到的评价是:"具有和现有拉面不一样的美味,而且十分方便,能成为新商品。"

开水冲泡的方便面与拉面相比具有别样的美味

随后,安藤委托朋友把新商品样品送到美国试探一下反应,结果美国那边立刻回信要求再订五百箱。接着安藤百福在百货店尝试销售,他以"倒上开水后两分钟便可食用的拉面"作为宣传语,大声向顾客说明,顾客显然是将信将疑,最后的结果是带去的方便面被抢购一空。

1962年,安藤百福的日清公司获得了制造方便面技术的专利权。安藤并不满足现状,他的日清公司碗装、杯装方便面,由于方便、简易的特性,深受世界人民的喜爱。经过几年发展,安藤百福的方便面销售额在逐渐增长。截至2003年,全世界消费方便面652.5亿份,产值折合人民币高达1 000多亿元。如今日清公司也已成为速食食品的领头羊。为表彰安藤百福对食品业的卓越贡献,在日本大阪甚至建有"速食面条发明纪念馆"。

现在超市里有各种口味的方便面供人们选购

>> 更多介绍

尽管安藤百福的方便面在日本市场取得了成功,但是在欧美市场却一直卖得不是很理想。后来,有一次他在飞机上看到空姐给的铝制容器上部的盖子是由纸和铝箔贴合而成的密封盖,长期困扰安藤的杯装方便面如何才能长期保存的问题由此迎刃而解。为方便起见,细心的安藤决定缩小这种容器,这样一来,吃面的人就可以像端着喝水的杯子一样,端着面到处走动。这种改变很快帮助他打开了欧美市场。

科学史上的伟大发明

白炽灯

在人类还没有发明照明器具之前,也许只能期盼着银白色的月光早点出现,以驱走黑暗带来的恐惧和不便。如今,当夜幕将整座城市吞噬时,人们不再惊惶失措,因为只需轻轻按下开关,黑夜便能在瞬间变为"白昼"。这中间的巨大变化,源于白炽灯的问世。

无论是油灯、蜡烛,还是后来问世的煤气灯,都无法摆脱两个致命的弱点:污染空气和容易失火。能否不用火,但却可以得到光呢?19世纪的众多科学家都为了这个设想而付出了辛勤的汗水。

1878年,19世纪最伟大的发明家托马斯·阿尔瓦·爱迪生写下了这样一段话:"爱迪生要使电力照明不仅具有煤气照明的一切优点,而且还能给人们带来热能和动能。利用热能,可以烘烤面包、烧菜;利用动能,可以开动各种各样的机械……"

同年秋天,爱迪生的实验室已经成为了研究新式照明灯具的"战场"。当时,人们已经知道无论任何物体,只要达到白炽状态就会发光,而爱迪生和他的助手们则先从寻找适合制作白炽灯灯丝的材料入手。在试验的金属中,铂似乎是最理想的一种,它符合电阻高、散热慢的要求。但是铂的价格昂贵,不利于普及。

无奈之下,爱迪生将能想到的1 600多种耐热材料全记在了纸上,并一一去试验。一天夜晚,工作了一整天的爱迪生边思考边心不在焉地把一块压缩的烟煤在手中揉搓着,不知不觉中,烟煤已被搓成了一根细线。他突然想试试手中的细线是否会对试验有所帮助。

爱迪生将其截下一小段,放在炉中熏了大约1个小时,再把它放进玻璃泡中,抽去部分空气,然后把电流接上。脆弱的细线立即释放出了耀目的亮光。细心的爱

20世纪初巴黎街头的煤气灯

关键人物

爱迪生(1847～1931),美国著名的电学家和发明家,他有留声机、电灯、电话、电报、电影等约两千项创造发明,为人类的文明和进步作出了巨大的贡献。

生活篇

迪生发现，经过碳化后的细线变得异常坚硬。碳丝灯虽然只亮了很短的时间，但却给电灯的研究带来了成功的希望。

1879年10月21日，在一位玻璃专家的帮助下，爱迪生使用一种新型抽气泵，将灯泡抽成几乎真空后封上了口。当电流接通后，灯丝在真空状态下发出了金色的亮光，并且连续照亮了45个小时。这一天，也被历史永久地记录了下来。

此后数年中，爱迪生对灯丝材料不断改进，使白炽灯的寿命达到了数千小时，白炽灯也很快因此进入到了寻常家庭。毫无疑问，爱迪生的这一伟大发明在科学史上开辟了一个新纪元，将人类带入了一个崭新的电光世界。

早期的白炽灯

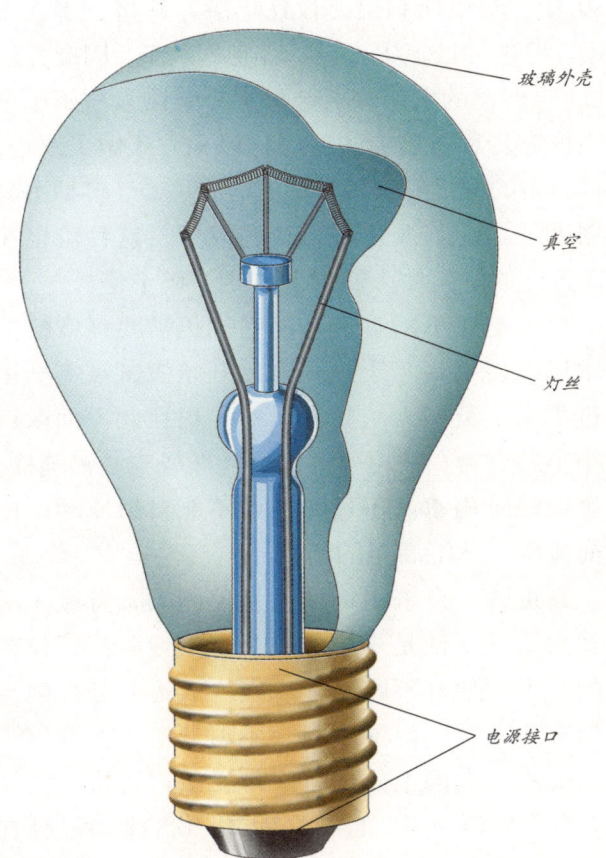

白炽灯结构示意图

>> **更多介绍**

在爱迪生发明白炽灯之前，人们普遍使用的照明工具是煤气灯。煤气灯的发现者是一个名叫威廉·麦尔多克的英国工程师。

1770年，威廉·麦尔多克还是个顽皮的小男孩。一天，他在自家花园中玩耍，无意中，他将泥炭里的矿苗带进了地下贮藏室，将它点燃后，竟发出了一丝微光。20多年后，已经成为一名工程师的麦尔多克没有忘记童年时的小发现，他在心中酝酿出一个大胆的设想——将煤燃烧后释放出的气体作为照明的原料。1801年，麦尔多克的煤气灯终于问世了。

科学史上的伟大发明

钢笔

提起笔,我们脑中也许马上会浮现出这样一副图景:欧洲文艺复兴时期的某位大师手执精美的鹅毛管笔,伏在案上奋笔疾书,时不时地直起身来,迅速蘸一下墨水,继续写作。其实,笔的历史从人类文明之初就已经开始了。5 000年前,古埃及人用芦管笔记录匆匆流逝的苍茫岁月;公元前500年,鹅毛笔成为主要的书写工具。千年之后,鹅毛笔被蘸水钢笔所取代。又经过更新换代,1884年美国人沃特曼发明的自来水钢笔,与我们今天的钢笔极为相似……

最早的蘸水笔并不是鹅毛管笔。其实,5 000年前生活在尼罗河畔的古埃及人就已经开始使用芦苇笔蘸着墨水在纸莎草纸上书写了。它和后来出现的鹅毛笔有着同样的缺点——容易磨损,必须经常削切。于是,英国人哈里斯开始寻找更结实耐用的材料替代鹅毛管。

早期的鹅毛笔

1780年,哈里斯制出一枚铁笔尖,并将它绑在木杆上使用。但这种铁笔尖太硬,容易划破纸,因此并没有得到推广,但他的发明却引起另一个英国人詹姆士·斐利的注视。斐利对笔尖的制作材料和方式做了改进,使之具有一定的硬度和弹性,笔尖略弯一点,容易书写又不会划破纸。随着锻造压力机的诞生,这种价格便宜、制作方便的笔尖使人们彻底告别了鹅毛笔。

蘸水笔在不断改进,但它们仍需要经常蘸取墨水以维持书写。于是,人们开始尝试在笔杆里灌进墨水。英国人约瑟夫·布拉玛在此方面取得了小小的成功。他用薄薄的银片做成空心钢笔杆,在里面灌进墨水。不过,墨水不能自由流动,使用前要压一下笔后尾的活塞。

真正的"自来水钢笔"是美国人艾奇逊·沃特曼发明的。他是一家保险公司的业务员,1880年的一天,他好不容易才谈妥一大笔业务,但当他请客户在合同上签字时,不料从笔尖上滴出了几滴墨水,合同上的许多字都无法再辨认,沃特曼只得请客户稍等一下,他再重新拿一份合同来。就在沃特曼离开的那一会儿,另一家保险公司的业务员乘机以更优惠的条件抢走了这笔生意,沃特曼既气愤又无可

钢笔没有出现之前,人们一直普遍使用羽毛笔作为书写工具。

148

奈何。他决心发明一种不需要蘸墨水的笔。随后沃特曼就辞去工作潜心钻研自来水笔，他从植物都是通过内部的毛细血管吸收水分这样的现象中受到启发，花了4年时间，终于用橡皮管制成了世界上的第一支自来水笔。

他所发明的自来水笔，尾部可以卸下来，用小滴管把墨水从尾部加进去，再利用毛细管作用，通过一段钻有一条非常细的通管的硬橡皮，连接笔管里的墨水储管和笔尖。笔管内有少量空气，书写时墨水会在空气的压力下，顺着小细通管慢慢流到笔尖。在笔尖的内侧加有一个开着许多小槽的笔舌头，流下来的墨水就会吸附在上面，不至于一下子就流到纸上。沃特曼自来水钢笔是钢笔发展史上的重要一步，这种钢笔一上市立刻受到热烈欢迎，很快便畅销美国及世界各地，他本人也被誉为美国的"钢笔大王"。

在沃特曼之后，又有不少细心的人对钢笔进行改良，派克钢笔的发明人派克就是其中一位。派克原来是一个钢笔店里的小伙计，他把当时圆柱形钢笔杆改为美观的流线型，后来又将套入式笔帽改为插入式笔帽，这些小小的改良，使钢笔不仅美观大方，而且使用方便，结果他的产品获得了世界声誉。

>> 更多介绍

在自来水笔发明以前，欧洲人千余年使用的一直是翎管笔（也称羽毛笔），但翎管笔的寿命很短，笔尖很容易磨秃或劈裂，一支笔能写几千字就很不错了。后来，人们在翎管笔笔尖上包上一层金属薄片，诞生了金属笔尖。随后，木杆、金属杆又逐渐取代了鸟翅羽毛，演变成为蘸水笔。

人们习惯在翎管笔和其他墨水笔上使用钢制笔尖。钢制笔尖廉价，但笔质硬，书写不适，且不耐墨水中化学成分的腐蚀；金制笔尖书写流利，耐腐蚀，但价格昂贵。1852年，英国人荷尔斯寻找优质而廉价的笔尖材料，他在澳大利亚的托斯尼亚发现了一种耐磨的天然铱合金矿石。他将铱合金经过加工制成笔尖，结果既耐磨耐腐蚀，又书写流利，造价低廉，大受人们欢迎。后来这种铱合金笔尖被应用于自来水笔上，被称为"铱金笔"。

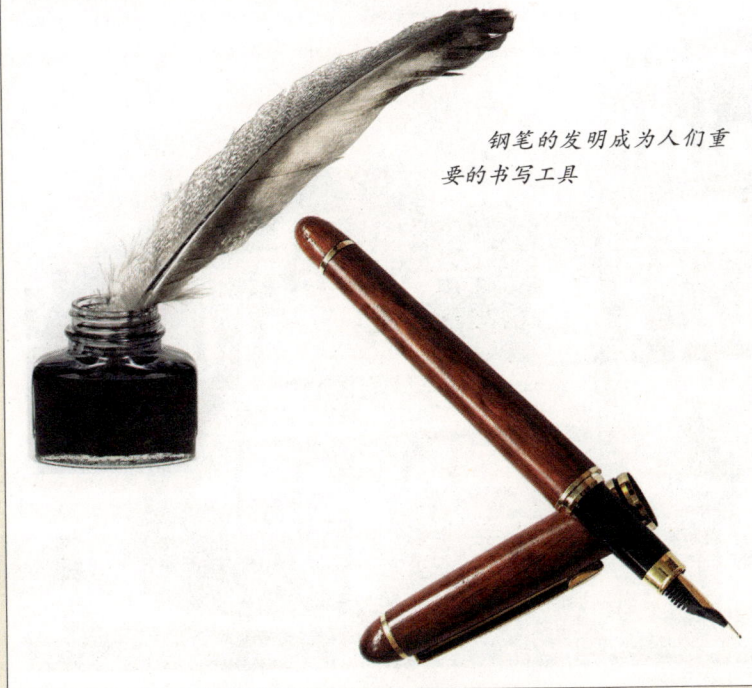

钢笔的发明成为人们重要的书写工具

可口可乐

自美国建国以来,最为成功的商品,恐怕还是要数可口可乐。一百多年来,它在国际饮料市场独占鳌头,为可口可乐公司创造了源源不绝的巨额财富,如今世界上冠以"可乐"为名号的各类饮料数以千种,但却没有一种真正能与可口可乐相媲美。富有传奇意味的是,可口可乐这风行世界的著名饮料,起初仅仅是一种"好喝的头痛药",它的发明纯属意外。

19世纪80年代,潘伯顿在美国佐治亚州经营着一家药店,他是一个成功的经营者,非常注意医药市场的动态和信息。有一次,潘伯顿在一本医学杂志上看到一篇报道。报道称:1884年,美国医生柯勒从古柯树中提取出一种叫做古柯碱的物质,具有止痛功效。经深入研究和多次实验,潘伯顿用古柯树叶和柯拉树籽做原料,配制成名叫古柯柯拉的药水在自己的药店出售。由于古柯柯拉治疗头痛效果相当好,所以回头客特别多。

1886年5月的一天,住在药店附近的贺斯先生因头疼到药店买古柯柯拉。可不巧,药水都用光了。潘伯顿不在,药店的伙计无法到配方房取药。为了应付顾客,平时看惯了潘伯顿配药的伙计,顺手拿了一瓶其他治头痛的药水,配上苏打水糖浆,交给了他。

没过多久,又有一位顾客来店买药,他自称是贺斯的朋友,头也有点疼,喝了贺斯刚买的药水,感觉味道不错且能解渴,来询问是否有毒副作用。伙计胡乱地敷

早期的可口可乐公司

生活篇

关键人物

约翰·潘伯顿，1831年出生在美国，17岁时就读于佐治亚南方植物医药学院。毕业后，他去费城进修了一年，然后在佐治亚州开始了他的药剂师生涯。在此期间，他发明的著名饮料——可口可乐，风靡全球。他也被世人亲热地尊称为"可口可乐之父"。

>> **更多介绍**

可口可乐的英文名字是由潘伯顿当时的助手及合伙人、会计员罗宾逊命名的。罗宾逊是一个古典书法家，他认为"两个大写C字会很好看"，因此他亲笔用斯宾塞草书体写出了"Coca—Cola"。"coca"是可可树叶子提炼的香料，"cola"是可可果中取出的成分。"可口可乐"商标一百多年来一直未有改变。

衍道："这种药水的原料取之于两种植物，当然不会有什么毒副作用。"其实，他说的是古柯柯拉，而他自己刚才配的是什么药水却记不清了。"那我再买几瓶当开水喝。"顾客说道。伙计取了几种治头痛的药水交给顾客，顾客都说不是刚才那种深红色的药水。对症吃药绝非儿戏，顾客生气地敲着柜台，厉声呵斥伙计不负责任的态度。

潘伯顿刚巧回到店里，他向伙计打听事情的原委。伙计怕老板责怪自己乱配药，便随口撒谎说顾客要买古柯柯拉，可是已经卖完了。潘伯顿连忙上楼重新配制药水。顾客便耐心站在柜台边等。这分明是地地道道的古柯柯拉呀！为什么顾客说不是呢？潘伯顿觉得很奇怪，在他的再三追问下，伙计只好供出自己胡乱配药的事实，潘伯顿严厉地批评了他。事情本该到此画上句号，可潘伯顿是一个思维活跃的人，他想：那深红色的药水的味道肯定不错，要不，那位顾客就不会缠住伙计执意要买了，说不定正好是一种新型饮料的配方。

现在的可口可乐公司

市场上的可口可乐

于是，潘伯顿反复将多种药水按不同比例配制。一个月后，他终于配出了风味独特、爽口解渴的深红色饮料。由于它是错配古柯柯拉的结果，因此，潘伯顿也把它叫做古柯柯拉。后来，这种饮料传到中国，翻译者把它译成一个朗朗上口而又颇有意味的名字，即可口可乐。

保温瓶

在1892年之前的漫长岁月里,人们通过各种方法对饮用水进行保温。在中国广大农村,千百年来人们一直使用一种稻草编织的"茶窠"或是厚厚的棉布裹在储水器外部,以此来延长热水冷却的时间,而保温瓶的出现,使这些成为了永久的回忆……起初,保温瓶只是在实验室、医院和探险队中,用来运输和保存菌苗、血浆和携带科学样品。后来,它渐渐地出现在某些外出旅行者的行囊中。随着保温瓶与人们工作、生活关系日益密切,其构造和性能也得到不断地改进。

有关保温瓶的概念很简单:瓶有内壁和外壁;两壁之间呈真空状,空无一物。热不能穿过真空进行传递,所以凡是倒入瓶里的液体都能在相当长的一段时间内,保持它原有的温度。这就是为什么保温瓶能够冬天保持饮料暖热,夏天保持饮料冷凉的原因。许多参加过多次旅游的人觉得很难想象,没有保温瓶会是一种什么样的情形。

但是保温瓶直到1892年才被发明出来,尽管那时它的发明者——苏格兰科学家詹姆士·杜瓦,也并没有意识到它会有多大的用途。

1892年,英国物理学家詹姆斯·杜瓦爵士正在进行一项使气体液化的研究工作,气体要在低温下液化,首先需要设计出一种能使气体与外界温度隔绝的装置。于是,杜瓦爵士请玻璃技师伯格为他吹制了一个特殊的双层玻璃容器——夹层内壁均涂上水银,然后抽掉夹层内的空气,形成真空,

大型保温瓶的制作

关键人物

詹姆斯·杜瓦(1842~1923)是一位化学和物理学方面的专家,在研究低温现象上有很大的成就。他生在英格兰的金卡丁郡,早年曾在爱丁堡大学接受教育,1785年在剑桥大学教授自然哲学,主要是物理学方面的实验。1877年,他在英国科学研究所从事化学方面的研究。1892年,因为化学研究的需要,杜瓦发明了热水瓶,这样,他就由一个身居研究所的科学家变成了贴近平民生活的普通大众。

这种真空瓶便以发明者的名字命名，叫做"杜瓦瓶"。它可使盛在里面的液体不论冷热、温度都在一定时间内保持不变。由于杜瓦瓶的这种特殊的保温功能，它至今还常被用来装低温的液态气体等实验用品。

杜瓦瓶发明后不久，德国玻璃技师伯格认识到这种容器所具有的商业价值。霍尔德·伯格又是柏林一家科学仪器公司的股东之一，1902 年，伯格开始推销保温瓶，1904 年，他以自己的名义获得了保温瓶专利，而且制订了把它投入市场的计划。伯格甚至举办了一次给他的保温瓶起个好名字的比赛，结果他挑选的获胜名字就是希腊词"thermos"，"thermos"意为热，因此，保温瓶也被称作热水瓶。

1921 年，出现了斯瓦电热壶，这种电热壶使用电热装置进行烧水，颇受人们欢迎。

玻璃瓶胆（外层）
瓶胆上镀银或铝
玻璃瓶胆（内层）

保温瓶的结构图

1925 年，大众化的廉价塑料壳保温瓶在市场上出售了，至此，保温瓶开始走进千家万户。

>> 更多介绍

伯格的保温瓶构造并不复杂，中间为双层玻璃瓶胆，两层之间抽成真空状态，并镀上银或铝。真空状态可以避免对流，玻璃本身是热的不良导体，镀银的玻璃则可以将容器内部向外辐射的热能反射回去，瓶塞用不易导热的软木制作。伯格又用镍制造外壳，保护易碎的玻璃瓶胆。这样一来，保温瓶的雏形就基本固定下来了。

1925 年，专门用于热水保温、容量为 0.57 升的大众化廉价塑料壳保温瓶在市场上出售了。保温瓶开始走进千家万户。

随着保温瓶与人们工作、生活关系日益密切，其构造和性能也得到不断改进。除原先的镍制外壳，以后又出现了竹编、铁皮、铝、不锈钢等外壳。另外，近年来，保温瓶的出水口上还出现了许多新花样，压力保温瓶、接触式保温瓶等纷纷问世。

拉链

在19世纪末以前，一条成人连衣裙或一个长途旅行包起码得装上十几颗扣子，扣上、解开都得花费很长时间，并且妇女们对钉扣子很厌烦，因为它是一项繁琐费时的工作。拉链的诞生使一切都显得轻松了。拉链从问世发展到今天，才不过短短100年的时间，但是如今它已遍布世界的各个角落，成为人们必不可少的日常生活用品之一。

1893年的一天，美国芝加哥市有一个名叫惠特科姆·贾德森的工程师，他看到妻子做衣服钉纽扣钉得手指都磨破了，感到很心疼。为减轻妻子的痛苦，他利用凹凸齿错合的原理，设计出一种可快速滑动的关启系统。他的方法是：在两条布边上镶嵌一个个V形的金属牙，再利用一个两端开口、前大后小的元件，让它骑在金属牙上，通过它的滑动，使两边金属牙啮合在一起，从而发明了"滑动绑紧器"。同年，他把样品送到哥伦比亚博览会上展出，得到参会人员的一致好评，人们把贾德森的发明叫做"可移动的扣子"，这就是早期的拉链，比起传统的连接方式来，拉链的出现无疑是一个很大的进步。

一位名叫路易斯·沃尔特的上校军官对拉链的情况特别注意，他坚信这是一项伟大的发明。当他离开陆军后，就找到贾德森，并与他

用纽扣系衣服是一种不完全封闭的连接方式，而且扣上解开都很费时间。

1893年，贾德森利用凹凸错合原理，设计出早期的拉链。

关键人物

瑞典工程师森德巴克，被贾德森公司聘请来改造拉链的设计。针对美国工程师贾德森设计的拉链又笨又硬、容易自动绷开等弱点，1912年，他在贾德森的拉链牙齿背面设计了一套子母牙，使拉链不仅扣得结实可靠，而且也显得更加精细美观。森德巴克为拉链的普及作出了推动性贡献。

一同办起了"宇宙绑紧器公司"和"新泽西郝伯肯钩眼公司",由贾德森担任技师,开始生产拉链。贾德森又投入了数年时间,努力研制,终于在1904年获得成功,1905年获得与此有关的第5号专利。

1912年,贾德森公司聘请的瑞士工程师森德巴克对贾德森的发明进行了改造,在拉链牙齿背面设计了一套子母牙,才使拉链扣得结实可靠,也精细美观了许多。同年,又研制出把金属齿夹在布条上、排列成行的拉链机,从此开始进行拉链的商业化生产。而拉链的推广却是从一个偶然的机会开始的。在一次飞机飞行表演中,驾驶员的一只扣子不慎滚落到机器中造成了机毁人亡的恶性事故。具有商业头脑的森德巴克立刻抓住这一时机,与军事部门联系,建议缝制装有拉链的新军装,从此,美国的海军和空军率先在军服上使用了拉链,拉链至此才被推广开来。

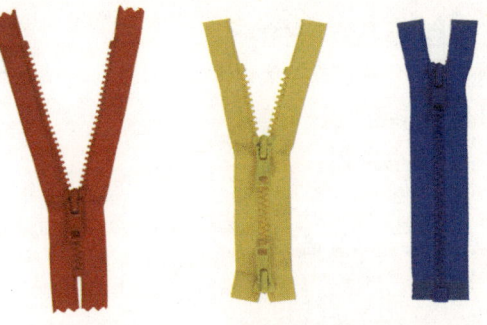

款式不同的拉链

拉链不仅使衣物穿脱方便,也能起到装饰的作用。

>> **更多介绍**

1931年后,拉链开始在世界范围被人们广泛使用:衣裤、背包、裙子、鞋子、睡袋、枕套、公文包、笔记本、沙发垫等等,众多日用品都用上了拉链。

小小拉链给人们带来很大方便,如今,拉链的品种更是层出不穷,有铁、铜、尼龙、塑料、混合纤维等多种材料制成的拉链,用途也越来越广泛,其应用也不再局限于日用品,它逐步进入了科研、医疗、军事等领域。现在,全世界每年制造的拉链连接起来,长度超过40万千米,可以绕地球10圈了。

拉链的问世只是一个小小的发明,但是从此整个世界不能没有它,因为它极大地提高了人们的生活质量。现在,有谁能够说自己从未用过拉链呢?所以,发明无论大小,只要它能够为人们提供方便,就一定会拥有永久的生命力。

安全剃须刀

胡子是男人的象征，但是日常生活中，为了保持面部的干净整洁，男人们也会使用各种刀具来将其刮掉。可以这样说，至剃须刀被发明出来以后，炫耀自己美髯的人便少多了。长长的胡子并不是男人们心甘情愿地让它长成的，而是因为没有便捷的剃须设备罢了。当真正安全的剃须刀问世以后，每天早上刮胡子就成为男人们享受生活的一种方式了。

1855年，吉列出生在美国的芝加哥城。16岁那年，一次意外的火灾使他的全部家产毁于一旦，吉列被迫出走在外地做工。有一个雇主发现这个爱好修理机械的孩子很有才华，于是，就建议他发明一种人们既常用而又是消耗品的东西，这样，顾客便会不停地购买。这样的建议虽然非常有效且容易实施，但对市场缺乏了解的吉列实践起来还是显得有点盲目。

1895年，作为推销员的吉列在一次推销商品的过程中认识了发明家佩因特，在与佩因特的交往中，他逐渐学到了一个发明家所应具备的素质——对生活的细心观察和对社会需求的认识。推销员是一种非常注意形象的工作，谁都不希望敲开自己门的推销员有一副邋遢的形象。

一天早上，吉列在刮胡子的时候，发现剃须刀是一种人们常用而且消耗量非常大的东西。此后，吉列辞掉推销员的工作，开始潜心研制一种使用更加安全的剃须刀。他设计出了一个安全剃刀"T"型夹持柄，但却找不到一家能够生产薄刀片的钢铁厂。

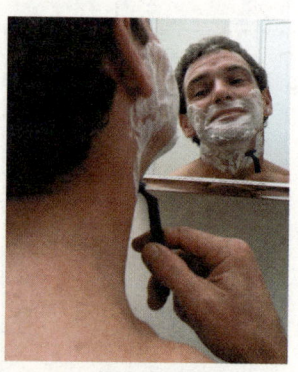

安全剃须刀成为男士们必备的物品

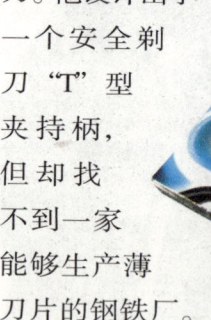

轻巧纤薄的刀片

关键人物

吉列（1855~1932），美国著名发明家，他从小就对发明创造充满兴趣。毕业后，吉列曾尝试过各种发明，但都没有获得成功。而他的一个偶然灵感，却变革了男人世界的剃须方式。在吉列年轻的时候，他还写过一本名叫《观望人性》的书，讨论商业实践和成功的话题。

当他遇见机械师尼卡森时，一切问题都迎刃而解了。

　　1901年，投资5 000美元的"吉列安全剃刀公司"成立了。吉列剃须刀从上市到推广至美国的大部分市场再到实现大众化需要，整整耗费了8年时间。吉列做的第一笔买卖是1903年，销售了51把剃刀架和168个刀片；第二年，售出了9万把剃刀架和1 240万个刀片。机会无所不在，但机会又转瞬即逝，善于抓住机会往往会成为一个企业转机和一个人制胜的关键。

　　1914年，第一次世界大战爆发了，吉列认为这是一个很好的机会，他决定把安全剃须刀以最优惠的价格供给战场上的将士使用，只要将士们使用了安全剃刀，传统的直柄式剃须刀将会被安全剃须刀替代；等到战争结束，这些将士必然成为吉列公司最忠实的顾客和最有说服力的义务宣传员。事情果然不出吉列所料，战争结束后，一个现成的、稳固而又广阔的吉列剃须刀市场便形成了。

　　20世纪20年代，吉列又通过广告、赠品等多种促销方式，使安全剃须刀特别是刀片的销量大幅度上升。第二次世界大战时期，吉列公司再次把安全、便捷的剃须刀作为军需品供给政府，从而使安全剃须刀在战后备受青睐；与此同时，吉列公司在世界各地大量投资，建立工厂。这样，吉列剃须刀的销量如酷暑下的水银柱——不断升高，产品销遍世界各地。

1928年，美国退役陆军上校希克设计的第一种适于商业制造的电动剃须刀获得了专利。

>> **更多介绍**

　　随着时代的发展，专门瞄准男人钱包的吉列公司惊喜地发现，有不少女人也开始使用本公司的产品。由于相当多的西方女性打扮越来越趋向于暴露，而她们的腋毛和腿毛却使其形象大打折扣。于是，电动剃须刀和脱毛剂自然而然地进入到了女性消费领域。吉列公司抓住这一大好商机，于1974年向全美国女性隆重推出"雏菊"牌专用剃毛刀。它使用色彩鲜艳的塑料做刀架，使女用剃毛刀更加轻盈、美观和富于质感。彩色刀柄上有一朵印压的雏菊，既是品牌识别标志，又迎合了女性喜欢浪漫情意的心理。与此同时，公司了解到女性使用剃毛刀都以安全、不伤皮肤为第一选择，所以拟定的广告词为"不伤玉腿，完全适合妇女的需求"，女用剃毛刀至此一炮打响，很快风靡全国，并畅销世界各地，成为与男用剃须刀比翼齐飞的吉列名牌产品。

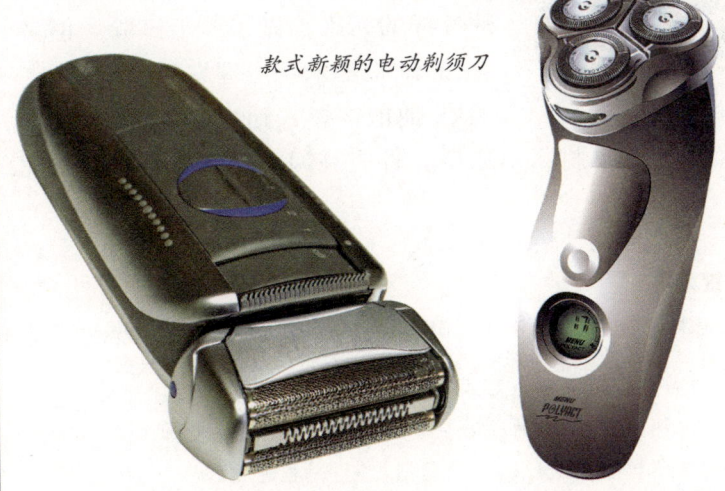

款式新颖的电动剃须刀

科学史上的伟大发明

不锈钢

如果说英国的绅士们取笑中国人用筷子吃饭的话，那么，在不锈钢被发明出来以前，我们也可以想象那些绅士们吃饭时的狼狈模样，生了锈的刀和叉是那样的难看，可能一块牛肉也要切上好半天吧？最终，英国一个不满于把时间都浪费在吃饭上的冶金学家布雷尔利发明了一种"不会生锈的钢铁"，结束了西方绅士们的难堪局面。不锈钢从发明至今已经有近百年历史，布雷尔利的发明是人类冶金史上一项重大成就，不锈钢的生产和应用为近代工业发展和科学技术进步奠定了重要的物质基础。

不锈钢是一种防腐和耐高温的合金，它不容易生锈，这与它的组成有很大的关系。不锈钢的成分中除了铁以外，还有铬、镍、铝、硅等。钢加入铬等元素后，就能使钢的结构更均匀，从而改变钢的性能，这样腐蚀物入侵就变得困难，再加上不锈钢表面又附着一层氧化物保护膜，就像给钢铁穿上一件盔甲一样，自然就不容易生锈了。

用不锈钢作的手表既防锈，又能美化外观。

最先认识到不锈钢具有抗腐蚀性能的是德国的两位科学家蒙纳茨和博尔斯特。蒙纳茨于1911年在德国获得了生产不锈钢的专利。然而说到不锈钢真正的发明者，蒙纳茨似乎比不上英国的冶金学家亨利·布雷尔利。

第一次世界大战期间，布雷尔利受英国政府军部兵工厂委托，研究武器的改进工作。那时，战争需要大量的枪支，但是由于技术条件的限制，士兵们用的步枪膛极易磨损，而且容易生锈。于是，布雷尔利想发明一种不易磨损和生锈的合金钢。后来，他往钢中加入各种各样的元素，做了若干试验。但多次的试验都未获得理想的效果。有一次，他把铬掺入到炼钢的原料里，新材料出来后，外表亮闪闪，十分吸引人。他

在摩托车的制造中也大量使用不锈钢

关键人物

亨利·布雷尔利（1871～1948），出生在英格兰的舍菲尔德。由于家境贫寒，12岁那年，他就离开了学校，在一家化学实验室里做助手，通过刻苦学习，布雷尔利慢慢地成了一位在钢铁冶炼方面的专家。后来，他从一个细小的发现中找到了铁不生锈的灵感，把人类文明带进了一个新的时代。布雷尔利也因此摘取了"不锈钢之父"的桂冠。

高兴地把这种钢制成了枪管。可惜,这种钢质地太脆了,在第一次射击试验中,它就"粉身碎骨"了。

布雷尔利在锈蚀的废铁堆中发现,大部分废铁都锈蚀了,只有几块掺入铬的钢管碎片仍然亮晶晶的。这一发现使布雷尔利十分惊喜,他急忙拾回这些"宝贝"详细研究。

经试验分析发现,这些铬钢任凭日晒雨淋也不易生锈,又不像一般钢铁一样"怕"酸碱。由于铬钢太脆、太贵,不能造枪管,于是布雷尔利把这种不生锈的钢介绍给了一家餐具厂,生产出各种不锈钢刀、叉等,使不锈钢顿时轰动了欧洲。1916年,布雷尔利取得不锈钢的专利,人们也尊称他为"不锈钢之父"。

后来,许多发明家也都做出过重要贡献。法国科学家吉耶和波特万发明了耐高温、抗震的奥氏体不锈钢,用于食品工业领域。1911～1914年,美国的丹齐发明了不锈钢中的另一大类——铁素体不锈钢。现在,不锈钢已发展成为一个合金大家族,品种不下数百种。

1941年,英国冶金专家布雷尔利制出了不锈钢餐刀和餐叉。

不锈钢制品已经走入人们的日常生活中

对于厨房用具而言,不锈钢容易清洗,而且导热性能好,是一种理想的烹饪用具。

>> 更多介绍

不锈钢也不是绝对不锈的,因为不存在绝对不生锈的金属。不锈钢一般只在氧化性条件下才比较稳定,在非氧化性条件下,就变得不够稳定了。此外,不锈钢中铬等元素的含量及其加工过程中的热处理是否适当,也会直接影响它的抗腐蚀能力。可见,不锈钢不生锈并不是绝对的,在特定条件下它也会生锈。

魔方

魔方又叫魔术方块，它是一种老幼皆知的玩具，不仅许多小孩爱玩，就连一些大人也爱不释手。

魔方由26个方块和一个三维的十字连接轴组成，它的物理结构非常简单，也非常巧妙，却可以变化无穷。正是这样一种独特的趣味，使得它与中国人发明的"华容道"、法国人发明的"独粒钻石棋"并称为"智力游戏界的三大不可思议"。至今，它的风采不减、魅力依然。

鲁比克是个肯动脑筋的人，在布达佩斯美术学院任教期间，他总爱借助自制的各种教具来加强教学效果，学生都喜欢听他生动而直观的讲课。

1974年，鲁比克设计出一种新型的教具：用一些小正方体拼成一个大正方体，然后把小正方体的每一面都涂上不同的颜色，再稍稍转动，小正方体的位置就变化了。这时，大正方体的每一面上都出现了一些不同颜色的小方块。但敏锐的他马上发现问题来了，这些稍加转动的小方块，已经很难还原了，也就是说很难把大正方体的每一面都调成同一种颜色。他极力想还原它，可是越扭越乱。鲁比克简直是着了魔，无论是走路，还是吃饭，甚至连做梦的时候都在琢磨还原这种立方体。

来回不停地扭啊扭，整整花了一个月的时间，鲁比克在仔细研究了各小正方体之间的关系后，最终摸出了规律，成功地将立方体各方的颜色还原了，他兴奋异常。为了让更多喜欢挑

色彩艳丽的魔方

关键人物

匈牙利人伊尔诺·鲁比克，从小就喜欢绘画和几何学，学习很刻苦、努力，成绩也很好。他立志长大后要当一名画家，后来毕业于美术学院，并担任了布达佩斯美术学院的教授。鲁比克不仅是一名合格的美术教师，同时，他还是一位出色的建筑设计师、室内装饰设计师。1974年，他发明的魔方风靡全球，在全世界范围内掀起了一股益智游戏的热潮，为世人所赞誉。

战的人都能分享到这样的乐趣，鲁比克决定将这种教具做成玩具，推荐给世人。由于这些小而神奇的方块蕴藏着千变万化的玄机，可以使拿到它的人着魔，所以鲁比克叫它"魔方"。

在这以后，经多次改进，1977年，鲁比克发明的魔方便可在三个轴线上自由转动了。他认为这个魔方已达到满意的程度，就将它交给匈牙利国家贸易公司。开始该公司对它并不怎么感兴趣，认为人们不会对这么个不起眼的小玩意"着魔"，但还是做了几个样品让人试试，结果谁试谁着魔，而且怎么也还原不了。该公司发现魔方很吸引人，且有利可图，就大批生产了。

就这样，魔方传到了世界各地，所到之处都大受欢迎。魔方以它的变幻和神秘吸引着世人，据不完全统计，自魔方发明来，已在全世界售出了约1亿多只。

鲁比克的魔方原型

小小的魔方可以变化出不同排列方式

>> 更多介绍

魔方作为一种机械益智玩具，趣味无穷。据数学家统计：一个魔方能转出4 325 003 274 489 856 000种不同的排列方式！通过解魔方，可以增强记忆力，丰富空间想象力；可以培养耐性和毅力，提高一个人的观察、判断、解决问题的能力。

将扭乱了的魔方六面还原叫做解魔方。由于解魔方需要手、眼、脑并用，对培养人的智力和动作技能都十分有效，因此世界各地都经常举办有关魔方的各种悬赏竞赛，这更激起了人们的好奇心和好胜心，许多人因而绞尽脑汁，试图求得解魔方的最佳程度。

科学史上的伟大发明

计算机

在人类与大自然的斗争中，逐渐创造出各种各样的工具和器械，当繁重的计算、文字和记忆工作因计算机而变得轻而易举时，每一个人都能强烈地感受到，计算机强大的计算功能，正在代替人脑又快又准确地完成复杂的计算工作；在日新月异的技术世界里，当计算机模拟出的三维立体动画在屏幕上逼真地闪现时，人们惊叹，计算机的应用和数字通信技术在不断地走向成熟。从第一台计算机问世以来的短短50余年间里，它已经对人类社会的各个方面产生了巨大的影响，推动着这个世界取得了翻天覆地的变化。这么快的发展速度是任何人在事先都难以想象的，这就不能不让人感叹先驱者思想的深刻与超前。

追溯先驱者的足迹，计算机的发明也是由原始的计算工具发展而来的。中国在2 000多年前的春秋战国时期，劳动人民

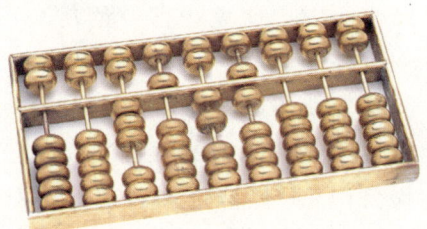
中国古代发明的算盘

就独创了一种计算工具——算筹。从唐代开始，算筹逐渐向算盘演变。到元末明初，算盘已经非常普及了。随着人类社会生产的不断发展和社会生活的日益丰富，人们一直希望发明出一种能自动进行计算、存贮和进行数据处理的机器。因而，许多先驱者踏上了发明计算工具的艰难历程。1642年，法国著名的数学家帕斯卡率先迈出了改革计算工具的重要一步，成功地创造了一台能做加、减法的手摇计算机。

帕斯卡的加法器并不先进，但是这项工作是开创性的。在帕斯卡思想启发下，很多科学家开始向自动化、半自动化程序计算机发起挑战。

直到19世纪中叶以后，计算器同纺织技术的重大革新——程序自动控制思想结合起来，一些功能较全面的计算机器这才纷纷登上历史舞台。

奇异的天才、英国数学家巴贝奇于1822年设计完成的差分机就是其中一个佼佼者。这是一种顺应计算机自动化、半自动化程序控制潮流的通用数字计算机。

而真正揭开电子计算机新篇章的应该是"埃尼阿克"（ENIAC）的诞生。但"埃尼阿克"却没有真正的运控装置。大量运算部件是外插型的，每一步计算都要花很多时间先将程序

1642年，帕斯卡创造的能做加、减法的手摇计算机。

连接好，准备工作繁琐，大大影响了运算速度。

后来，美籍匈牙利人冯·诺依曼提出了新的改进方案，这个方案所设计的计算机被称为"离散变量自动电子计算机"（英文缩写 EDVAC，中文译为"埃迪瓦克"）。新方案中，冯·诺依曼提出采用二进制和存储程序的设想，从此，诺依曼博士毅然投身到新型计算机设计的行列中。

冯·诺依曼与"埃迪瓦克"

"埃尼阿克"还没问世，冯·诺依曼就洞察到它的弱点，并提出制造新型电子计算机"埃迪瓦克"的方案。和"埃尼阿克"比起来，"埃迪瓦克"这个长达101页的划时代文献是目前一切电子计算机设计的基础，虽然"埃迪瓦克"是集体智慧的结晶，但冯·诺依曼的设计思想在其中起到了重要作用。他的名字将永远铭记在人们心中。

从"埃尼阿克"诞生时起直至20世纪50年代末，是第一代计算机的快速发展时期。在60年代初期，美国突然出现了计算机的"爆炸性发展"的局面。从1951年到1959年，美国装机总数为3 000多台。而从1960～1962年，短短3年即安装了7 500台计算机。这段时期，为适应计算机工业生产和用户的大量需要，一些计算机厂家开始开发计算机族，即系列产品。例如，久负盛名的计算机公司——IBM公司相继推出了以科学计算为主的大型计算机族、大型数据处理机族和中小型通用计算机族。计算机的应用领域由此普及开来。

巴贝奇设计的差分机的模型

现在我们经常使用的计算机

>> 更多介绍

目前，人们正在试图研制第五代计算机。它是以人工智能为基础的，将具有处理人类自然语言的能力，能够实现人机对话；而且有高度的智能，其功能将大大超过现有的各种计算机。设想中的第五代计算机，不仅可以在生产现场进行各种作业，而且能在办公室和商业服务等行业从事多种智力型劳动或服务工作。

随着计算机的广泛应用和数字通信技术的不断成熟，从20世纪60年代后期开始，人们不断地将分散在各地的计算机通过通信线路连接成远程计算机网络。通过这样互相连接的网络，计算机能方便地交换信息和数据，真正实现"资源共享"。

电报

从远古时代的烽火通信、鸿雁传书、快马邮递到第一台电报机的出现，人类的通讯历程经过了漫长的变革。在这当中，我们应该感谢希林、库克、惠斯通、莫尔斯等人的巨大贡献。电报的发明，开始了用电作为信息载体的历史。

1822 年，俄国外交官希林受到当时种种电学发现的启发，全身心地投入到电磁电报机的研究中。1829 年，希林研制出了人类历史上的第一台电磁式单针电报机。这台电报机用 6 根导线传递信号，接受信号的一端根据 6 根磁针偏转情况的组合，译出传输方的信息。1837 年，沙皇下旨按照希林的建议，在圣彼得堡和皇宫之间设立了电报线路，可惜希林此时已不在人世了。

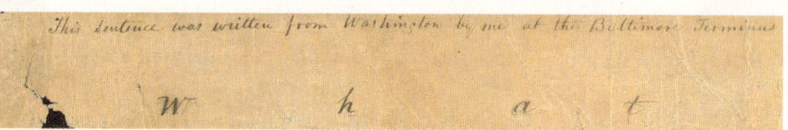

人类历史上的第一封长途电报："上帝创造了何等的奇迹！"

希林电报机的示意图

使希林电报机投入使用的是英国人库克和惠斯通。1836 年，他看到了一位名叫蒙克的教授用一个指针检流计在做一些电报试验，便联想到能否将这个试验结果变为能服务于大众的商品！不久，他与伦敦皇家学院的教授惠斯通合作，于 1837 年发明出第一台双针电报机。这台电报机采用了五根磁针，表盘上印着 20 个字母和 10 个数字。随着电线输送电流的方向的改变，每根磁针都产生摇摆，而它的摇摆方向最终停留在一个数字前，字母则由两根磁针指向确定。

继库克和惠斯通之后，欧洲的许多科学家们致力于磁针式电报机的发明和改进。其中，尤以美国人萨缪尔·莫尔斯的贡献最为杰出。

关键人物

莫尔斯（1791～1872），1810 年毕业于耶鲁大学。早期曾从事印刷和绘画。1837 年研制出最早的电磁式电报机。1838 年创造了点划组合的莫尔斯电码，使电报机进入了实用阶段。后在美国国会的资助下，莫尔斯建成从华盛顿到巴尔的摩全程 70 千米的电报线路，1844 年 5 月 24 日开通，揭开了人类通信史新的一页。

信 息 篇

青年时代的莫尔斯本是一位才华横溢的画家。1832年，莫尔斯赴法学画后乘船回国。那是一次神奇的旅行，因为它改变了莫尔斯的命运，也推动了人类通信史的进程。

在船上，莫尔斯结识了一位医生，这位医生拥有一件名叫电磁铁的神奇物件，通电后，它便能吸起铁质物品。莫尔斯被这个新颖的玩意所吸引，随即他那丰富的想象力在脑海中凝结出了一个惊人的构想，他打算以电磁学为基础，设计制造一部可进行远距离通信的工具。然而，莫尔斯却面对着极大的困难，因为他对电磁学一无所知。于是，他买来各种书籍，决定要系统地学习电磁学知识。

1846年，莫尔斯制造的电报机。

半年后，莫尔斯已经掌握了电磁学的基本原理。在电学家约瑟夫·亨利的帮助下，他开始实施下一步的计划。5年夜以继日的勤奋努力终于结出了硕果。1837年，莫尔斯研制成功了一套传递莫尔斯电码的电报机。它是靠电流有规律地中断来实现信号传递的。而莫尔斯电码则由点、画和空白组合而成，具有简单、准确和经济实用等特点。1844年，一条位于华盛顿和巴尔的摩之间的长途电报线架设成功。在5月24日的典礼上，莫尔斯用激动的手指向70千米外发出了人类历史上的第一封长途电报："上帝创造了何等的奇迹！"其实，这所谓的上帝正是人类自己。随后，莫尔斯电码和莫尔斯电报机很快传到了欧洲。电码被人们沿用下来，而电报机则不断得到改进。

今天，在世界的任何一座城市中，人们都能轻松便捷地使用电报服务。所以，让我们感谢这些为通信事业做出巨大贡献的先驱者吧！

>> 更多介绍

虽然人类的通信史很长，但真正电报机的出现是在电磁学方面取得了长足进步之后。伏打电堆出现后的20年，丹麦物理学家奥斯特做了一次著名的实验，它是人类利用电能进行通信的基石。他将一个指南针靠近一根有电流流过的导线，指南针的指针忽然摆动而指向了另一个方向，于是奥斯特发现，电流可以产生磁场。当时的人们无论如何也想象不到，这一发现所具有的实际价值。100多年后，当我们再次翻开人类征服历史的长卷时，我们才深深感到了奥斯特的发现对于人类文明的重要性。他所做的一切无疑成了新时代到来的第一道冲击波。这个新时代包括电报、电话、无线电广播、微波通信……

发报机

电话

19 世纪是一个传奇的时代，新的发明层出不穷。1844 年，莫尔斯在美国首次进行了电报通信的实验，成功地实现了长距离快速传递信息的梦想。这次试验，激发了更多人进一步去思考：假如将人的声音转化成电信号，再用电线传递出去，当电信号到达另一端后，再经仪器转换为原来的声波，只要两端都有发话和收话的仪器，就可以使相隔两地的人们不见面便能相互交谈了。这是一个伟大的设想，它令许多科学家欢欣鼓舞，跃跃欲试。

1847 年，贝尔出生于英国苏格兰的爱丁堡。17 岁时他进入了爱丁堡大学学习语言学。在校期间，贝尔系统地学习了语音和声波振动等知识，为日后发明电话打下了良好的基础。

早在 1869 年，贝尔在一次偶然的实验中发现了一个有趣的现象：当电流接通和断开时，螺旋形的线圈会发出噪声，这声音和电报发送莫尔斯电码时的"滴答"声相似。于是，贝尔设

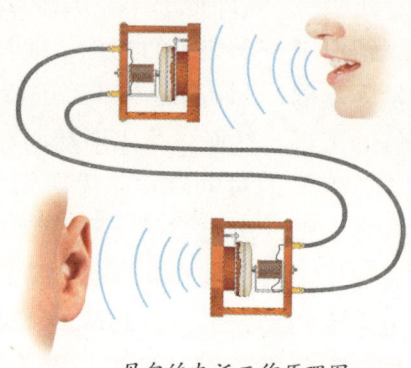

贝尔的电话工作原理图

想可以利用一根电报线发送不同音高的电报信息。当他向一位有名的电学技师请教时，对方否定了他的想法。那位技师认为他缺乏最基础的电学知识。于是，贝尔决定学习电学知识。然而，两年后，随着贝尔对电学的逐渐熟悉和了解，他却更加坚信电波可以传递声波。于是，贝尔开始潜心于电话的设计和实验中。

随后，贝尔在两位赞助人的资助下，开始了他的研究。但是，在研究过程中，贝尔一直不满意自己的动手操作能力，而电器专家托马斯·沃森的出现则给贝尔带来了巨大的帮助。

1875 年 6 月 2 日，贝尔和助手沃森在一间阁楼大

关键人物

被誉为"电话之父"的英国发明家亚历山大·格雷厄姆·贝尔（1847～1922），出身于语音世家，受家庭影响，他从小就对声学和语言学有浓厚的兴趣，曾任美国波士顿大学语言学教授。1876 年因发明电话而闻名世界。贝尔一生共获得了 30 多项发明专利，他还组建了美国电话公司，创办了《国家地理》杂志……发明电话只是他生命乐章中最美丽的插曲。

的工作室里忙碌着。当时，沃森手边的一块衔铁停止了振动，于是，他就用手指拨动了起来，被拨动的簧片发出了微弱的声音。大多数人或许对此根本不会在意，但是这一微小举动却引起了贝尔的深思：如果轻拨簧片能产生声波状的电流，那么人声也应该能做得到。当天晚上，贝尔就将电话的草图画了出来：有话筒的一端紧紧地和膜片连接着，讲话人发出的声波能够引起膜片振动，这种振动导致送话器上的簧片随之振动；簧片恰好在电磁铁的一极振动，由于电磁感应的作用，就会产生一股电流。电流的强度随意变化，就好像声音在空气中传播会让空气的密度随之变化一样，这时，把一只耳朵贴近另一端的膜片，就能听到讲话者的声音了。

早期的电话

科学的道路是艰辛的，但智慧的火花最终还是转换成了伟大的创举——3 年之后，世界上第一部电话机终于诞生了，它传递的第一句人声是："沃森先生，快到这边来，我需要帮助。"电话的出现成为扩展人类感官功能的第一次革命。电话的专利被批准后不久，贝尔在费城的百年展览会上展示了它，这架神奇的装置引起了所有参观者的兴趣。1877 年 7 月，贝尔和伙伴们成立了自己的公司，即美国电话与电报公司的前身。电话取得了无与伦比的商业成功，而贝尔的公司也最终成为世界上最大的私营公司（现已被分为数家规模较小的公司）之一。

>> 更多介绍

1881 年，贝尔在一篇论文中报道了光电话装置和基本通话原理——用弧光灯或者太阳光作为光源，光束通过透镜聚焦在话筒的振动片上。当人对着话筒讲话时，振动片随着话音振动而使反射光的强弱作相应的变化，从而使话音信息"承载"在光波上（这个过程叫调制）。在接收端，装有一个抛物面接收镜，它把经过大气传送过来的载有话音信息的光波反射到硅光电池上，硅光电池将光能转换成电流（这个过程叫解调）。电流送到听筒，就可以听到从发送端送过来的声音了。在贝尔看来，光电话是他所有发明中最伟大的一项。

贝尔的电话研制成功

科学史上的伟大发明

电话交换机

当电话被发明出来后，为了保证用户之间能顺利接通，很自然我们会想到每两个用户之间用一对线路连起来。因此当用户数增加时所需的线的对数便相应增加，想想看，要是对每个用户来说，家中如需接入很多对线时，打电话前还需将自己话机和被叫线连起来，那就太麻烦了！于是人们想出了一个好办法，在用户分布的密集中心，安装一个设备，这好比是一个开关，平时是关闭的，当任意两个用户之间需要通话时，设备就把连接两个用户的电话线接通。由此可以看出，这种设备可根据呼叫者的要求，完成与另外一个用户之间交换信息的任务，所以这种设备就叫做电话交换机。

电话网是开放电话业务、为广大用户服务的通信网络。最早的电话通信形式只是两部电话机中间用导线连接起来便可通话，但当某一地区电话用户增多时，要想使众多用户相互间都能双双通话，便需要一部电话交换机。

电话交换机是一种使许多电话用户在需要时能及时进行通话的专门设备，它的功能是连接用户与用户之间或与另一交换系统之间的电话电路。这时，便形成了一个以交换机为中心的简单的电话网。在某一地区，随着电话用户持续增多的势头，便需建立多个管理电话交换机的电话局，然后由各局间的中继线路和交换机将各局连接起来，形成多局式电话网。这种交换机有许多弊病，其中最明显的缺陷是：工作效率

1879 年的电话交换机

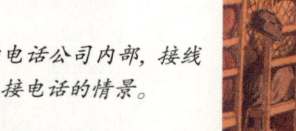

早期的电话公司内部，接线员忙碌地连接电话的情景。

关键人物

1888 年，阿尔蒙·B.斯特罗杰（1839～1902）在其外甥的帮助下，设计出了一个自动电话交换机模型。1891 年 3 月 10 日，他获得了发明"步进制自动交换机"的专利权。1891 年 10 月，随着对交换机的不断改进和技术需求的不断增长，斯特罗杰自动交换机公司在美国成立。

低和保密性差。

1891年，一种新式的自动交换机问世。用户操纵电话机上的两个按钮完成自动交换。需要寻找受话人时，按照对方的电话号码按动这两个按钮，自动交换机里的一个金属杆就会运动，这种自动接通受话人的线路。通话结束后，金属杆自动复位。自动交换机的发明人是美国的阿尔蒙·B．斯特罗杰。

令人惊奇的是，这位发明家并不是专业电器研究者，而是一名专门承办丧葬的生意人。他发现，电话局的话务员不知是有意还是无意，常把他的生意电话接到他的竞争者那里，使他的多笔生意因此丢掉。为此，他发誓要发明一种不要话务员接线的自动接线设备。

1889～1891年，他潜心研究一种能自动接线的交换机，结果他成功了。1891年3月10日，他获得了发明"步进制自动交换机"的专利权。1892年11月3日，斯特罗杰发明的接线器制成的自动交换机在美国印第安纳州的拉波特城投入使用，这便是世界上第一个自动电话局。

1889年，斯特罗杰发明了拨号盘式电话机。

斯特罗杰发明的自动电话交换机

>> 更多介绍

自从第一台电子计算机问世以来，人类生活发生了天翻地覆的变化。后来就有人提出，能不能用计算机来控制电话的通信服务呢？随着科学技术的不断发展，经过电话工作者的不懈努力，1965年，美国研制成功了世界上第一台用电子计算机控制的交换机，它的工作方式是用一系列程序来完成的，这种控制方式叫"存储程序控制"，简称"程控"。程控交换机的控制中心使用了专门的电子计算机，人们根据需要把预先编制好的程序存入计算机后即可自动完成交换。需要改变服务项目时，只需修改一下程序就可以了。程控机的速度快、容量大、使用灵活、可靠性高，它不仅可以提供多方通话、缩位拨号等多种服务，而且还可以解决通话自动计费的问题。程控交换机具有广阔的发展前景，目前已是电话交换机发展的主流。

科学史上的伟大发明

无线电

一项伟大的科学成果从发现到为人类所利用，往往需要经过几代人前赴后继的努力。麦克斯韦预言了电磁波的存在，但却没能通过亲手试验来证实他的预言；赫兹透过闪亮的火花，第一次证实电磁波的存在，却断然否认利用电磁波进行通信的可能性。但是，"赫兹电波"的闪光，却为后人研究无线电指明了方向。

1894年，20岁的马可尼从杂志上读到，赫兹在实验室里做过电磁波传送试验之后断然否认了利用电磁波进行通信的可能。他并没有迷信权威，而是认为利用电磁波跨越空间传送通讯将远远优于通过电线传输。

为了证实自己的设想，马可尼开始搜集资料进行试验。结果，马可尼成功地看到了赫兹所观察到的现象。第二年，电波信号已经可以发射2.7千米了。这一成功使马可尼心中产生了一个使无线电网络布满全球的梦想。

为增大信号接收距离，马可尼研制了检波器。他还自制了一个更大的电感线圈，并接上了天线，以使信号传到更远的距离。经过试验，信号传到了1.6千米以外的地方。就这样，马可尼发明了自己的无线电报。

1896年，马可尼向意大利政府申请资金来制造更大的发报机，遭到了当地政府的拒绝。但这一发明却得到了伦敦科学界和实业界的高度重视，他于1896年获得了无线电通信发明的专利并成立了马可尼无线电报公司。当时，马可尼的无线电

马可尼的装置在海上救援中发挥了人们意想不到的作用

关键人物

马可尼于1874年4月25日在意大利的波伦亚出生。他的父亲是位富有的地主，母亲是爱尔兰人。

马可尼并没有接受正规的学校教育，而是在家里接受家庭教师的授业。尽管如此，马可尼对待学习仍是一丝不苟，所有学科中，他对物理和化学尤为感兴趣。14岁时，他在这些方面的天赋就显示出来了。凭借丰富的物理、化学知识和孜孜不倦的刻苦钻研精神，马可尼于1894年发明了无线电通讯系统，这一成就让他名垂青史。1935年7月20日，马可尼在意大利罗马逝世，意大利政府为他举行了国葬。

波已经可以传播至 160 千米远的距离。在赢得了经济支持以后，他在英国西海岸修建了一座 2.5 万千瓦的发射站。

1901 年 12 月 11 日，马可尼在加拿大的纽芬兰，将天线固定在风筝上，再将风筝系在一条电缆上，当风筝飞到 122 米的高空时，接收到了预先设定好的三点信号。这一成功立刻引起了全世界的轰动，这也成为以后出现的无线电通信、广播等技术广泛发展的起点。

马可尼在工作室

1910 年，马可尼接收到了大约 9 600 千米外发出的信息。1916 年，他又利用短波使发射机功率增大了 100 倍。

不仅如此，马可尼还在 1932 年用抛物面天线为微波定向；1934 年，他又亲自演示在雾中应用微波导航，次年，他还建议用微波传播电视。

为表彰马可尼在无线电领域的杰出贡献，1909 年，他与德国物理学家布劳恩共同分享了诺贝尔物理学奖。

在对无线电的研究中，还有一位佼佼者，就是和马可尼同时代的俄国的波波夫。波波夫于 1859 年出生于俄国的一个牧师家庭，曾就读于彼得堡大学。1888 年，波波夫对电磁波产生了很大的兴趣并开始致力于试验研究。

马可尼的工作室

6 年后，波波夫研制成功了一台电磁波接收机。1895 年，在彼得堡的物理学会分会场，他完成了一次成功的演示，这使他备受鼓舞。此后，他又改进了这架机器，使无线电收报机更加完善。1896 年，波波夫成功地在距离 250 米左右的地方清晰地收到了世界上第一份无线电报，内容是纪念电磁波的发现者海因里希·赫兹。1897 年，波波夫的无线电通信距离扩展到了 640 米。夏季，其距离进一步扩展到了 5 千米。在波波夫的不断努力下，无线电通信在俄国也逐渐普及开来。

波波夫在展示他的无线电装置

科学史上的伟大发明

传真机

从20世纪80年代开始，很多办公室添置了一种新设备——传真机。它的个儿不大，本领却不小。不仅集电报、电话的功能于一身，而且还能传送图像，一页文字或图像信息在短短的几秒钟内，就能被传送到千里之外。

传真技术的起源说来很奇怪，它不是有意探索新的通信手段的结果，而是从研究电钟派生出来的。1842年，苏格兰人亚历山大·贝恩研究制作一项用电控制的钟摆结构，目的是要构成若干个互联起来同步的钟，就像现在的母子钟那样的主从系统。他在研制的过程中，敏锐地注意到一种现象，就是这个时钟系统里的每一个钟的钟摆在任何瞬间都在同一个相对的位置上。这个现象使发明家想到，如果能利用主摆，使它在行程中通过由电接触点组成的图形或字符，那么这个图形或字符就会同时在远距主摆的一个或几个地点复制出来。

根据这个设想，他在钟摆上加上一个扫描针，起着电刷的作用；另外加一个由时钟推动的信息板，板上有要传送的图形或字符，它们是由电接触点组成的；在接收端的信息板上铺着一张电敏纸，当指针在纸上扫描时，如果指针中有电流脉冲，纸面上就出现一个黑点。发送端的钟摆摆动时，指针触及信息板上的接点时，就发出一次微小的电流。信息板在时钟的驱动下，缓慢地向上移动，使指针一行一行地在信息板上扫描，把信息板上的图形变成电流传送到接收端，接收端的信息板也在时钟的驱动下缓慢移动，这样就在电敏纸上留下图形，形成了与发送端一样的图

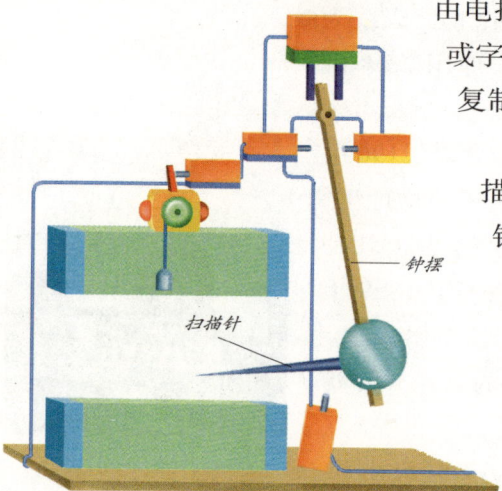

钟摆
扫描针

贝恩的传真机示意图

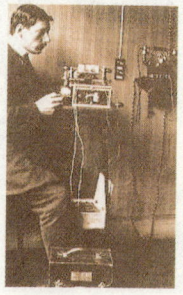

关键人物

爱德华·贝兰，1876年3月5日出生于法国。他自幼聪慧敏捷，6岁时便仿制了一个有活塞和传动杆的火车头，19岁时因制造"秘密照相机"而引起了警方的兴趣。大约在他50岁的时候，他还来过中国，研究方块汉字的特点，并帮助建立北京至沈阳的传真通信。1963年，贝兰以87岁的高龄谢世。而他对于传真以至电视等新技术所作的贡献，却永留人间。

形。这便是一种原始的电化学纪录方式的传真机。

随着人们生活水平的提高，人们对发生在自己周围的事情越来越感兴趣，因此，对新闻照片和摄影图片的需求也是很广泛的。许多科学家都曾致力于相片传真机的研究。

爱德华·贝兰是法国摄影协会大楼里的工作人员，他所在的法国摄影协会大楼下正好是法国电信线路从巴黎—里昂—波尔多—巴黎的起始点和终点。这为贝兰的研究提供了得天独厚的条件。

1907年11月8日，爱德华·贝兰在众目睽睽之下表演了他的研制成果——相片传真机。成功并没有使贝兰陶醉，他继续在已有的基础上进行研究。1913年，他制成了世界上第一部用于新闻采访的手提式传真机。次年，法国的一家报纸首先刊登了通过传真机传送的新闻照片。相片传真机主要是利用了电子元件感光的特点，把指针接触式的扫描改变成光电扫描，不仅使传真的质量大大提高，而且光电扫描和照相感光制版的配合，使相片传真得以实现。

1925年，贝尔研究所率先研制出高质量的相片传真机。1926年，美国电报电话公司正式开放了横贯美国大陆的有线相片传真业务，同年还与英国开放了横跨大西洋的无线相片传真业务。此后，欧美各国和日本等国相继开放了这项业务，从此，相片传真被广泛应用于传送新闻照片，随后扩展到军事、公安、医疗等部门，用来传送军事照片、地图、罪犯照片、指纹、X光照片等。

爱德华·贝兰在众目睽睽之下表演了他的研制成果——相片传真机。

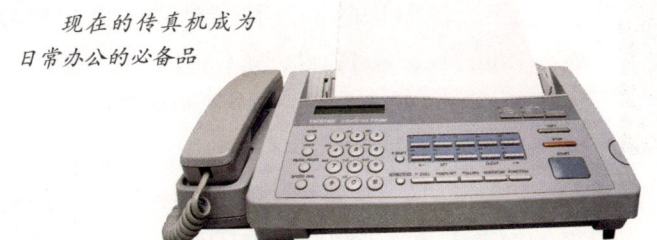

现在的传真机成为日常办公的必备品

>> 更多介绍

传真机是由两个部分组成的一种新型的通信工具，它是由发送设备和接收设备组成的。发送设备使用一种具有光电转换作用的光电管，它能够识别图像并将其转换成电信号，通过电话线路传输到达目的地。而接收设备则会在信号到达后接收信号并将其通过打印机还原成原来的文字或图像。由于其普及性强、易于实现收发自动化等特点，因而越来越受到人们的重视。

人造卫星

晴朗的夜空,当你抬头仰望满天星斗时,有时会看到一种移动的星星,它像天幕上的神行太保一样匆匆行走,这种奇特的星星并不是宇宙间的星体,而是人类挂上天宇的明灯——人造卫星。人造卫星巡天遨游,穿梭往来,忠实地为人类服务,给冷寂的宇宙增添了生气和活力。

1955年的一天,前苏联航天设计局负责人科罗廖夫忽然灵机一动:既然火箭可以把核弹头射到数百千米远的地方,为什么不可以把核弹头取下,换上卫星呢?经过几个月的酝酿,前苏联政府终于在1956年1月30日做出了决议,批准发展一颗重型人造卫星,并从R—7导弹上开发一种派生型火箭,将卫星送入太空轨道。1957年10月4日,前苏联拜科努尔发射场格外肃静,一枚三级运载火箭傲然矗立在发射台上,火箭上载着世界上第一颗

1957年,火箭发射人造卫星的情景

人造卫星"斯普特尼克"1号。伴随着"轰"的一声巨响,大地猛地颤动起来,火箭带着长长的焰尾冲上了云霄。几分钟后,卫星终于从火箭上弹出,以每秒7.9千米的第一宇宙速度,进入了环绕地球飞行的轨道。卫星内的无线电发射机通过星外天线发射出无线电波,地面监控人员很快便收到了来自太空的无线电信号。"成功了!"所有的工作人员都欢呼起来。由此,人类迈向太空的桂冠,理所当然地落在了前苏联人的头上。

从地球上有了第一颗人造卫星至今虽然仅40余年,但各国的空间技术都有了迅猛的发展。1960年8月12日,美国国家航空航天局成功地发射了一颗实验性的无源通信卫星"回声"1号,它实际上是一只由聚酯薄膜制成的气球,直径达30米,有10层楼房那么高,但球壳却极薄,同报纸的厚薄差不了多少。人们从此实现了"地球

世界上第一颗人造卫星"斯普特尼克"1号

信息篇

——人造卫星—地球"的空间无线电通信。

俗话说"天有不测风云"。传统的气象观测系统一直用直接测量法，即利用各种测量仪器直接测出大气的温度、湿度、气压、风力等数据。而面对占地球表面80%的海洋、极地和人烟稀少、难以建立气象站的地区，则无法保证观测数据的完整性和准确性。1960年4月1日，美国发射了世界上第一颗气象实验卫星"泰勒斯"号。该卫星重约128千克，用两台电视摄像机进行地面摄影并传递云层照片，使气象学家可追踪、预报和分析风暴。

1960年8月12日，美国国家航空航天局成功地发射了一颗实验性的无源通信卫星"回声"1号。

到目前为止，美国、俄罗斯（包括前苏联）、日本、欧洲空间局、中国、印度等国共发射了100多颗气象卫星。

几乎在同时，美国发射了世界第一颗"子午仪"导航卫星，传统无线电导航系统从此被取代。此系统主要由美国海军使用，到1967年开始正式向民用开放。它由4颗卫星组成导航网，全球的舰船平均每隔90分钟就可以看到一次"子午仪"，并接收其自动发射的信号进行定位，定位精度为30～40米，每次定位需8～10分钟。"子午仪"导航卫星系统是低轨道导航卫星，它集中了远程无线电导航台全球覆盖和近程无线电导航台定位精度高的优点，仅用4颗卫星就能提供全天候全球导航覆盖和周期性二级（经纬度）定位能力。

>> 更多介绍

1970年4月24日，中国自行研制的"东方红"一号人造地球卫星飞向太空，中华民族开始进入宇宙空间；1984年4月8日，我国第一颗静止轨道试验通信卫星"东方红"二号成功发射；1988年9月7日，"风云"一号升空，我国成为世界上第三个自行研制和发射极轨气象卫星的国家。1997年5月12日，"东方红"三号成功发射；1999年10月14日，与巴西联合研制的"资源"一号成功发射，中国空间技术全面国际合作首开先河……从第一颗人造卫星进入太空以来，中国的空间技术进入了一个新时代。

"东方红"一号

鼠标

"**鼠**标在我手,电脑跟我走!"这是句多么响亮的口号,在个人"电脑热"席卷全球的今天,几乎没有一台电脑是不配备鼠标的。如今,这只可爱的"小老鼠"已经成为世界上使用最广泛的计算机输入工具,变成每台计算机必不可少的一部分。这一点,也许连恩格巴特博士自己也未曾想到,他的发明会获得如此广泛的应用。

20世纪五六十年代的时候,计算机还只是科学研究人员才能使用的"大家伙",可年轻的恩格巴特当时几乎是凭直觉就认为计算机会成为一种工具,他深信计算机将在屏幕上显示需要的信息。当时的人们并没有太多在意这个年轻工程师的想法,甚至有人告诉他计算机只是用于商业,不用花费学术资源研究它。

然而这些都没有阻拦这位年轻工程师的梦想之路,随后的一段时间里,恩格巴特带领一组工程师设计了称为 NLS 的操作系统,虽然今天看来,该系统显得粗糙,但正是这个系统,迈出了图形操作系统的第一步。而这个系统的某些思想和性能甚至现在仍可以应用于微软的文字处理系统(Word)中。

1968 年,恩格巴特在美国旧金山举行的计算机秋季年会上,向与会者公布了他的研究成果:用一个键盘、一台显示器和一个粗糙的鼠标器,远程操作 25 千米以外的一台简陋的大型计算机。由于这项成果是图像界面、鼠标、高级链接和电子邮件的第一次与世人的公开展示,因而轰动了当时仍用穿孔卡输入的电脑领域。

恩格巴特鼠标的原型有一个木头精心雕刻的外壳,仅有一个按键。其底部安装着金属滚轮,用来控制光标的移动。1970 年,这个小装置获得专利,名称为"显示系统 X—Y 位置指示器"。它工作原理是由底部的小球带动枢轴转动,并带动变阻器改变阻值来产生其位移信号,再经过微处理器的处理,计算出其水平方向及垂直方向的位移,屏幕上的光标可随之移动,产生一对相对于屏幕的坐标。用它取代键盘上的使光标移动的上、下、左、右键,使用户可以方便地使用计算机。

鼠标发明之初并没有引起众人太

恩格巴特

多的关心，直到 4 年以后才逐步引起了人们的重视。首先，一些曾经是恩格巴特学生的施乐公司帕洛阿托研究中心所的科学家们，将恩格巴特所发明的鼠标配置在这个公司刚刚研制成功、具有图形界面的 Alto 微电脑上，结果让人们感到非常惊奇，有了这只"小老鼠"的帮助，使这台微电脑的操作变得异常的方便和快捷。

恩格巴特的鼠标内部

鼠标的英文原名是"Mouse"，提到它名字的含义时，恩格巴特曾向人们介绍说那是因为它的形状与老鼠相似，而且也像老鼠一样拖着一条长长的尾巴，所以，在实验室里被恩格巴特和同事们戏称为"Mouse"。然而，人们广泛使用鼠标已经很多年了，到如今还没有人能够给它想出一个更恰当的新名字，只好让它屈尊继续使用这个不太雅观的名字了。

1983 年，苹果电脑公司也把经过改进的鼠标安装在 Lisa 微电脑上，从此，鼠标在计算机业界声名显赫，它与键盘一样成为电脑系统中必不可少的输入装置。此后，微软公司的 Windows 操作系统和各种版本的 Unix 操作系统也纷纷仿效，鼠标成了这些图形化界面操作系统必不可少的人机交互工具。随着 windows 操作系统的成功普及，人们在使用电脑的时候已经离不开这只"小老鼠"了。

1981 年，IBM 公司推出了个人电脑，但是，鼠标并没有被广泛地运用在这个领域中，人们只能依靠键盘机械地寻找坐标。

>> 更多介绍

1983 年，光学机械式鼠标被发明出来。它比纯机械式鼠标精度高，又不像机械式鼠标那样需要特殊的底板。

光机鼠标经过二十多年的发展，生产技术更加先进，精度已经达到这种结构的极限。很多技术如人体工程学、滚球和无线电技术都在鼠标中得到了充分应用。

当互联网技术以一种难以预料的速度在全世界范围扩散的时候，人们再度发现，原来在鼠标上加上一个小小的轮轴是那么便于浏览网页，这样，新一代的滚轮鼠标又出现了。

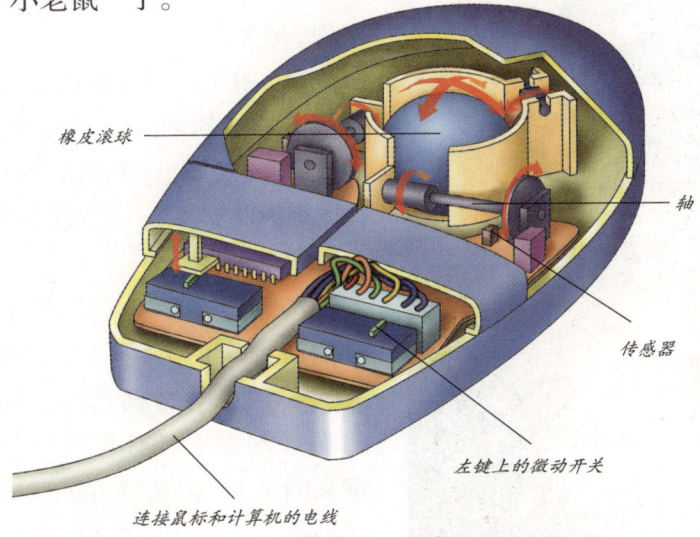

机械鼠标内部结构示意图

光纤

距今大约2 000年前，我们的祖先发明了烽火台，利用光信号传播信息。2 000年后，由于在光源和光通信传输介质方面取得重大突破，光通信这一传统通信方式又以崭新的姿态重返社会。与电波通信相比，光纤通信能提供更多的通信通道，可满足大容量通信系统的需要。今后，通信领域中最活跃的通信方式之一——光纤通信，将会把人们带进一个没有距离的世界。

1960年，美国人梅曼发明了红宝石激光器，使人类获得了性质与电磁波相同，且频率和相位都稳定的光——激光，但当时这种激光器还不能在室温条件下连续工作。

由于激光频带宽、纯度高、不易扩散，具有很好的方向性，因而很快便在通信领域找到了用武之地。

在光纤的传输介质方面，人们发现了透明度很高的石英玻璃丝可以传播光。这种玻璃丝叫做光学纤维，简称光纤。光纤一般由两层组成，里面一层称为内芯，直径一般为几十微米或几微米；外面一层称为包层。为了使光纤在施工的过程中不易被拉断，通常把千百根光纤组合在一起进行增强处理，制成像电缆一样的光缆，这样既提高了光纤的强度，又使光纤系统的通信容量大大增加。光纤的突出优点，是它可以在同一条通路上进行双向传输，利用这一特性，用户可以通过交互信息系统与对方对话，这就是我们所说的光纤通信。

光纤通信是运用光反射原理，把光的全反射限制在光纤内部，用光的信号取代传统通信方式中的电信号。但初期的光纤，光在其中传输时损耗很大。因此，要想用它来通信是不可能的。

1966年7月，英国标准电信研究所的英籍华人高锟博士和霍克哈姆就光纤传输的前景发表了具有重大历史意义的论文，论文分析了玻璃纤维损耗大的主要原因，大胆地预言，只要能设法降低玻璃

高锟博士正在做试验

纤维中的杂质，就有可能使光纤损耗从每千米1 000分贝降低到每千米20分贝，从而有可能用于通信。这篇论文鼓舞了许多科学家为实现低损耗的光纤而努力。

1970年，美国康宁玻璃公司的卡普隆博士等三人，经过多次的试验，终于研制出传输损耗仅为每千米20分贝的光纤。这样低损耗的光纤，在当时是惊人的成就，使光纤通信有了实现的可能。

1970年，美国的贝尔研究所研制出能在室温下连续工作的半导体激光器，这种激光器只有米粒大小。尽管最初的激光器的寿命很短，但这种激光器已被认为是可以作为光纤通信的光源。由于光纤和激光器的重大突破，使光纤通信有了实现的可能，因此，1970年被认为是值得纪念的光纤传输元年。

1970年，突破了光纤和激光器两项技术难题，光纤通信从理想变成可能，各国电信科技人员，竞相进行研究和试验。光纤通信开始进入实用阶段，而且此后的发展极为迅速，其应用系统也已经多次更新换代。20世纪70年代的光纤通信系统主要应用光纤的短波波段进行传输；80年代以后逐渐改用长波波段；到90年代初，光纤的通信容量扩大了50倍。到了90年代后期，传输波波长更长，并且开始使用光纤放大器等新技术以增强信号、扩大传输容量。这时，光纤广泛地应用于市内电话以及长途通信干线中，成为通信线路的骨干。甚至美、日、英、法等8国已宣布，今后铺设长途通信干线不再使用电缆而改用光缆了。

>> **更多介绍**

原本仅在通讯领域扮演重要角色的光纤，经过研发人员的不懈努力与创意思维，呈现出另一番令人惊叹的成果。

1993年，我国自行研发成功了高科技光纤纺织品。较于类似产品，光纤织物具有轻薄、柔软、舒适、透气性好、节能及光源寿命长等特色，再加上色彩的多样化，这种革命性的新产品及其衍生的新产业，为未来世界创造的商业价值将指日可待。

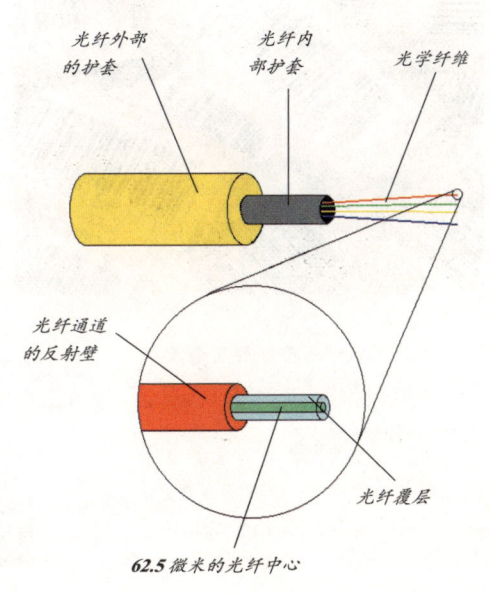

光纤结构示意图

条形码

随着商品生产和流通的发展，条形码作为商品的一种独特标识，已被世界各国广泛采用。它不仅用于商品管理，而且还用于产品装配测试、邮递管理和书籍管理等。它的出现大大加速了全球商业社会中产品和信息的流通。随着采用条形码技术取代通过键盘输入而提高数据的精确度后，条形码系统在当今全球经济时代成了开展商务活动的关键要素。

早在1952年，伍兰德就获得了一项类似"牛眼"的商品标识码的设计专利，这种商品标识码由一组同心圆环组成，通过每个圆环的宽度和圆环之间距离的变化，来标识不同的商品。但是由于当时计算机技术水平的限制，伍兰德的设计未能实现。进入20世纪70年代后，商品流通得到了迅速的发展，商品的种类日益增多，无论是制造商还是经销商，都想找到一种简单有效的商品管理方法，而解决这个问题的最佳途径就是建立统一的商品标识码。当时以IBM公司为首的计算机公司，在计算机和激光扫描技术方面日益趋近成熟，因此利用统一的商品标识码对商品实行计算机管理的时机已经到来。为了选择一种快捷、简单、准确，并可以用激光扫描仪读取的商品标识码，美国于1971年成立了标准码委员会负责这项工作。伍兰德代表IBM公司加入了这个组织。

当时，IBM公司在激光扫描技术和商品标识码的研究中处于领先地位，伍兰德在研究中发现，他起初所设计的"牛眼"码在实施上存在着许多困难，因此他又设计了一种条形码，也就是现在普遍使用的条形码。这种新设计率先在辛辛那提的一家零售店实施和推广。试验

今天，条形码已经触及到人们生活和工作的方方面面。由于在这一领域的技术进步与发展非常迅速，并且每天都有越来越多的应用领域被开发，用不了多久，条形码将会使我们每个人的生活都变得更加轻松、更加方便。

条形码扫描器

信 息 篇

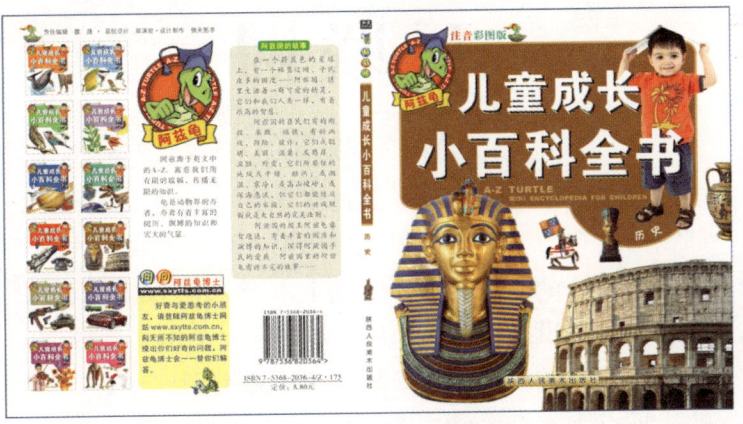

条形码成为图书上的必备标识

>> 更多介绍

条形码技术是一种数据输入技术。条形码数据的识读是由与电脑相连的光电扫描器完成的,其速度快、准确性高。

光电扫描器由光学系统和电路系统组成。光学系统带有光源,光源发出的光经透镜聚焦形成扫描光点照射到条形码上,得到由反射光产生的模拟电信号传输给译码器,译码器把电信号译成电脑可接收的数据。

商品打上条形码,对商品的分类与集散管理、销售和盘存带来极大的方便。在商场营业中,条形码通过与电脑连接的光电扫描器识别计价,快速而准确,非人工所能比拟。

条形码技术在仓库管理、工业生产过程、图书文档、邮包信件和单据管理等方面也有广泛的应用。例如:在仓库管理中,货物入库、出库、统计、盘点,采用条形码阅读器识别货物条码,输入相应数据和指令,电脑就可打印出相应的单据和报表,效率大大提高,实现了精确盘点。

发现,条形码比伍兰德原来设计的"牛眼"码有很多的优越性。因此,IBM 公司向"标准码委员会"推荐将条形码作为统一的商品标识码。伍兰德先生向委员会阐述了条形码的优越性和可行性,指出"牛眼"码在实施上存在的困难,伍兰德先生的报告得到了委员会的认可。于是,委员会于 1972 年做出决定,将 IBM 公司推荐的条形码作为统一的商品标识码,从而使千姿百态的商品有了统一的识别标准。条形码的使用,为商品流通业实现计算机管理奠定了良好的基础。

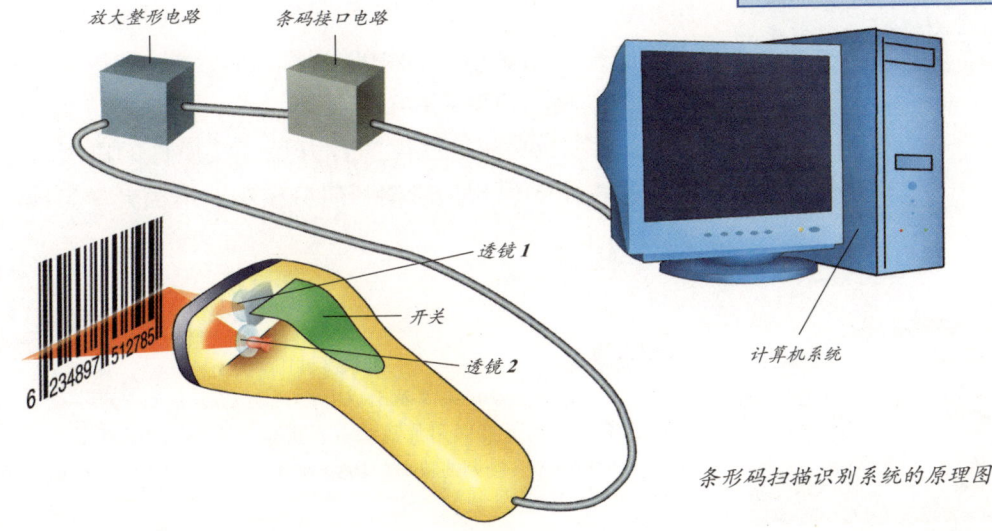

条形码扫描识别系统的原理图

181

互联网

信息作为人类文明赖以生存的基础，从古至今，不畏艰难的人们便通过种种努力来传递、获取信息。从烽火台上的滚滚狼烟到快马传递的邮驿，远距离的传递信息早在古代就被人们尝试着使用。自从计算机诞生后，计算机网络技术的成功使人类的通信再也不会受时空的限制，"零距离"的信息传播手段带给了人们前所未有的神奇体验。

20世纪60年代，随着美苏冷战的加剧，美国国防部害怕仅有的一个集中军事指挥中心被前苏联的核武器摧毁，那样的话，全国的军事指挥将会陷入瘫痪状态，其后果不堪设想。因此，有必要设计一个由多个分散的指挥点构成的指挥系统，某些指挥点遭到破坏后，其他的指挥点则不会受到影响，而这些分散网点的相互连接则要通过某种形式的通信网。为此，美国国防部组建了高级研究规划署（英文为 ARPA，音译阿帕），其核心部门之一叫做信息处理技术办公室。从此，对阿帕网的研究开始了。

1962年10月，美国国防部请来了科学家约瑟夫·兰克里德担任高级研究规划署信息处理技术处的负责人。他把一大批专家学者团结到阿帕网周围，戏称银河网络。这些人后来都是研究网络的中坚力量。

1966年，33岁的鲍姆·泰勒接任信息处理办公室的主管，他的办公室有3台电脑终端，必须使用不同的操作系统和上机步骤，使用十分不便。这个时候，泰勒从高级研究规划署申请到100万美元的经费，准备实施不同类型电脑主机联网的试验。

到了1969年，联网工作开始了实质性的进展。联网试验在位于加州大学洛杉矶分校和斯坦福大学等地的

互联网使地球上的每一个角落不再变得遥不可及

鲍姆·泰勒

关键人物

文特·塞尔夫被后人尊称为"互联网之父"，他和卡恩一起研究了TCP/IP协议，为互联网的成功实现提供了有力的理论依据，为互联网的发展做出了巨大的贡献。1997年12月，美国总统克林顿还为他俩颁发了"美国国家技术奖"。

四台高级计算机上开始。通过招标，罗伯茨把项目交给了 BBN 公司。当这个项目完成后，电脑网络具有历史意义的时刻便来临了，相隔数百千米的两台主机成功地进行了第一次对话。

1972 年 10 月，第一届国际计算机通讯会议在华盛顿开幕，网络先驱者一致决定成立国际网络工作组，计划以阿帕网为基础连接全球大大小小的网络，已在斯坦福大学任教的文特·塞尔夫博士当选为工作组主席。他和卡恩的研究成果 TCP/IP 协议为互联网的成功实现提供了有力的理论依据，随后，互联网便以极快的速度向全世界的各个角落渗透。

为了表彰塞尔夫和卡恩为发展因特网作出的杰出贡献，1997 年 12 月，克林顿总统为他们颁发了"美国国家技术奖"，而塞尔夫则被后来的人们尊称为"互联网之父"。

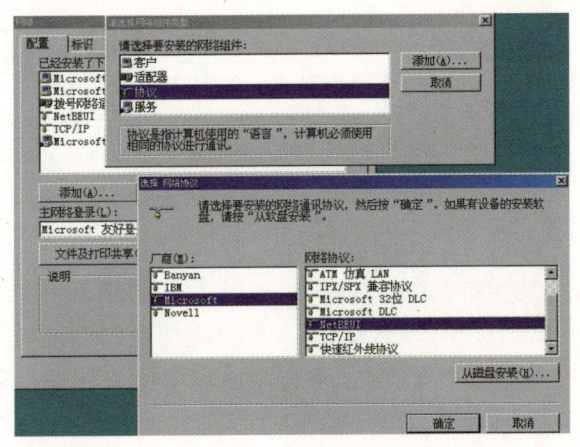

现代计算机操作系统中广泛使用的 TCP/IP 协议

>> 更多介绍

1990 年，阿帕网正式关闭时，因特网上出现了以超文本链接方式提供信息服务的"万维网"。

超文本的特征是阅读的跳跃性，通过链接方式来组织网络资源。欧洲粒子物理实验室的科学家蒂姆用这种技术为人们在网上搜寻、浏览信息开辟出一条合适的道路。蒂姆早在 1980 年就编写了一个名叫"查询"的软件来管理自己的资料，初步形成了后来万维网的概念。

欧洲粒子物理实验室希望蒂姆用软件把世界各国物理室的信息组织起来，使同行科学家分享。1989 年的夏天，蒂姆在紫丁香花的启示下产生灵感：既然人的神经系统可以通过神经元的链接传递花香的信息，网络的资源也完全可以用超文本链接方式组织。1990 年 10 月，他成功地开发出第一套服务器和客户机软件，并把其定名为"万维网"简称 WWW 或 Web，蒂姆也因此获得了"万维网之父"的美称。

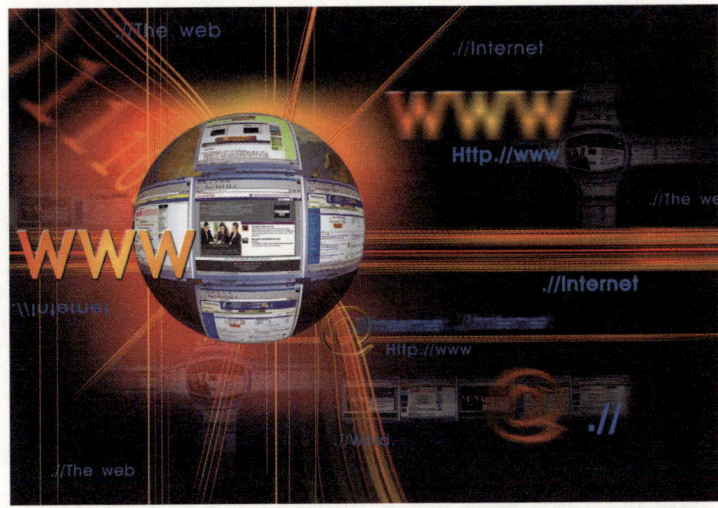

预计到 2008 年，全球因特网的使用者将会达到 8.65 亿，计算机网络已经把全世界连成了一个"地球村"。

全球卫星定位系统

人类在几个世纪以前,就开始研究定位方法。最古老、最简单的导航方法是星历导航,人类通过观察星座的位置变化来确定自己的方位。中国又发明了最早的导航仪指南针。英国人约翰·哈瑞森经过47年的努力,在1761年发明了最早的航海天文钟。进入20世纪以后,随着科学技术水平的不断提高,人类逐渐发明了许多新的定位方法。全球卫星定位系统就是本世纪继计算机后对人类有重大影响的成果和发明,它为解决人类在地球上的定位问题提供了重要的技术手段,成为信息时代不可缺少的一部分。

1957年10月,世界上第一颗人造地球卫星的成功发射,使电子导航技术进入了一个崭新的时代。自此,空基电子导航系统(统称为卫星电子导航系统)也应运而生了。第一代卫星电子导航系统的代表是美国海军武器实验室委托霍普金斯大学应用物理实验室研制的海军导航卫星系统,简称NNSS。因为该系统都要通过地极,所以也称"子午仪卫星系统"。这个系统不受时间、空间的限制,但其卫星数目少,运行高度低,因而无法连续地提供实时三维定位信息,很难满足军事和民用的需要。

为实现全天候、全球性和高精度的连续导航与定位,1973年美国国防部批准其陆海空三军联合研制第二代卫星导航定位系统——全球定位系统(Global Position System),简称GPS系统。起初的GPS方案由24颗卫星组成,这些卫星分布在互成120°的三个轨道平面上,每个轨道平面分布8颗卫星,这样的卫星布局可保证在地球上的任何位置都能同时观测到6~9颗卫星。为了识别不同的卫星信号并提高系统的抗干扰能力和保密能力,科学家们采用了直接序列扩频技术(DS—SS),整个系统相当于一个码分多址系统(CDMA)。为了补偿电离层效应的影响,该系统采用了双频调制。1978年,由于美国政府压缩国防预算,减少了对GPS的拨款,GPS联合办公室就将原来计划中卫星数由24颗减少到18颗,并调整了卫星的布局。18颗卫星分布在互成60°的6个轨道平面上,每个轨道平面分布3颗

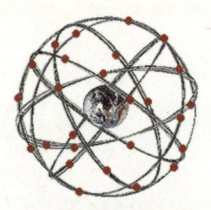

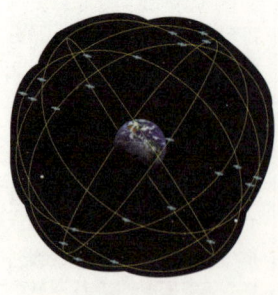

GPS与人造卫星技术相结合,可以将准确的定位信息发送到世界的各个角落。

卫星，这样的配置基本能够保证在地球上任何位置均能同时观测到至少 4 颗卫星。但试验发现这样的卫星配置可靠性不高，另外由于在海湾战争中 GPS 发挥了巨大的作用，因此，在 1990 年对第二方案进行了修改，最终方案是由 21 颗工作卫星和 3 颗备用卫星组成整个系统，6 个轨道平面的每个平面上分布 4 颗卫星，这样的配置使同时出现在地平线以上的卫星数因时间和地点而异，最少为 4 颗，最多可达 11 颗。

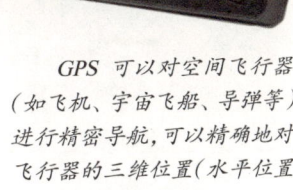

GPS 可以对空间飞行器（如飞机、宇宙飞船、导弹等）进行精密导航，可以精确地对飞行器的三维位置（水平位置和高度）进行定位。

GPS 系统的建立给定位和导航带来巨大的变化。它可以满足不同用户的需要。在航海领域，它能进行石油勘测、海洋捕鱼、浅滩测量、暗礁定位等；在航空领域，它可以在飞机进场、着陆、中途导航、飞机会合和空中加油、武器准确投掷及空中交通管制等；在陆地上，它可用于各种车辆和人员的定位、大地测量、摄影测量、野外调查和勘探的定位等。在空间技术方面，可以用于弹道导弹的引航和定位，空间飞行器的导航和定位等。

>> **更多介绍**

从 1973 年到 1993 年，全球卫星导航定位系统的建立经历了近 20 年，耗资 300 亿美元，它是继阿波罗登月计划和航天飞机计划后的第三项庞大的空间计划。

GPS 系统是空中交通管制系统的重要组成部分，但现在这个系统被美国所垄断。其经济效益主要体现在终端设备的销售和提供的增值服务上。年生产总值 50 亿~100 亿美元，并且提供了巨大的就业市场。预计 2005 年至 2050 年间，欧洲卫星导航用户设备消费就达 880 亿欧元，业务市场达 1 120 亿欧元。如果欧洲有了自己的卫星导航系统，其设备出口市场规模还有 700 亿欧元。

美国海军舰艇使用 GPS

枪

枪 是战场上应用最为广泛的武器之一。自它问世以来，其数量在各国的装备中是最多的，其样式也是五花八门，应有尽有。枪帮助人类实现了梦想，将人类的力量和影响扩展到能力所及的范围之外。同其他武器一样，枪是人类在正义与邪恶、文明与野蛮搏斗中的产物，它既是杀人武器，也是千百年技术文明的结晶。

枪的历史非常悠久。我国古代四大发明之一的火药，对于枪的发展起到了重要的推动作用。我国南宋时期，陈规发明了原始火药武器。他把火药装在毛竹筒里，作战时由两个人拿着，点着火药，用喷射的火焰烧杀。13世纪，我国的火药经印度、阿拉伯，最后传到了欧洲并逐步发展起来。

燧发枪

1825年，法国军官德尔文设计了一种枪管尾部带药室的步枪。这种枪械从枪口装入枪弹，称为"前装枪"。前装枪装填时枪管必须竖直，射手动作幅度大，容易暴露目标。所以就有人开始研制"后装枪"了。

1835年，普鲁士人德雷泽研制成功了一种新型的后装枪——后装针发枪。这种枪在使用时，用枪机从后面将子弹推入枪膛。后装针发枪射速更高，而且射手能以任何姿势重新填子弹。到1848年，成为人们普遍使用的一种枪。

后装枪的使用方法

毛瑟兄弟于1865年设计了一种枪机直动式步枪，称为"毛瑟枪"。后来的步枪一直沿用毛瑟枪的结构原理。

19世纪60年代，正值美国南北战争期间。美国人加德林采用多枪管机械化装填的方法来提高射速，为枪向自动化发展做出了一定贡献。与此同时，另一种叫"斯潘塞"的连发枪在枪托上开了一个直通枪膛的洞，子弹从洞里填进去，借助洞中弹簧的力量弹进膛内。这种连发枪在作战中发挥了较大的威力。

毛瑟枪

1883 年，英籍美国人马克沁发明了世界上第一支以火药燃气为能源来转动机构进行连射的机枪。后来，马克沁又发明了重机枪。这种机枪的理论射速约为 600 发/分，枪身重量 27.2 千克。

1903 年，丹麦人麦德森研制的轻机枪问世了。麦德森机枪全重不到 10 千克，并且可以使用普通步枪子弹。在第一次世界大战中，轻、重机枪被称为"战争之神"，它使数百万人在射击声中丧失了性命。

马克沁和他发明的威力巨大的重机枪改变了战争的进程。

第二次世界大战结束后，各国都转向轻重两用机枪的研制。可以说，两用机枪是二战以来枪械中的后起之秀。

枪械中的最小成员是众所周知的手枪。16 世纪初期，德国人基富斯发明了转轮发火手枪。这种手枪虽然易于操作，但成本很高。后来又出现了击发发火枪，这种枪操作不便，发射速度慢，不适合作战。手枪经过漫长的演变过程，到 19 世纪末期，一些新式手枪问世了。左轮手枪也称为转轮手枪，是美国人柯尔特在 1835 年发明的。这种手枪机构简单、反应灵活、使用安全，被各国广泛使用。

1835 年，柯尔特发明了著名的左轮手枪。

第一次世界大战以后，人们发现在步枪和手枪之间还应配备一种自动武器，来弥补两种步兵武器之间的空缺。冲锋枪就是为了满足这一需要问世的。早期的冲锋枪有效射程不超过 200 米，射击精度也差。二战以后，冲锋枪在结构上有了改进，在性能上也有了进一步的提高。现在的冲锋枪缩短了枪身，非常便于操作使用；射击时平稳，后坐力小，射击精度很高；使用方便，携弹量增加；结构轻巧，便于维修。现在的冲锋枪在向轻型化发展，必将成为枪械中的重要成员之一。

>> **更多介绍**

人们很早就认识到了射速的重要性。1674 年，我国兵器制造家戴梓研制了世界上第一个能连续射击的"连珠枪"。连珠枪简化了装填速度，在性能上比连发喷射筒优越得多。它比西方国家发明的连发枪要早近两个世纪，直到 1860 年，英国人哥德林克才研制出单管连发枪。然而在腐朽没落的封建社会，这种在发展史上占有重要地位的连珠枪却没有得到进一步的发展，到乾隆当政的时候就散失了。

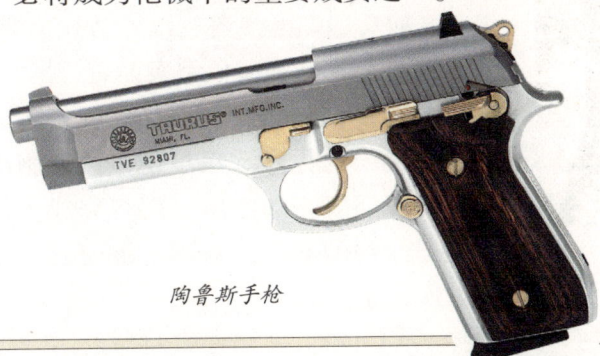

陶鲁斯手枪

潜艇

占地球表面积71%的海洋烟波浩渺、深邃莫测,其平均深度达3 800米,自古以来人类就渴望揭开她那神秘的面纱。但潜艇的出现,更多要归功于战争的需要。自20世纪初真正可用于作战的现代潜艇问世以来,由于潜艇可依靠海洋的掩护而具有高度的隐蔽性,且突袭力强,因而在两次世界大战中都取得了显赫战果,成为主战兵力。

早在公元前4世纪,波斯帝国就出现了最早的职业潜水者,专门从破损的沉船中打捞财宝。而在13世纪法国的一部《亚历山大历史》著作中,描述了亚历山大大帝(公元前356～前323)乘坐玻璃圆筒进行的一次非真实性的水下冒险。

最早提出潜艇设想的是英国科学家威廉·伯恩,他在1578年设计了一艘完全密封、可以潜到水下并在水下滑行的船。整个船只是由木架构成,外面由防水皮革包裹着。下潜时,手钳收缩舷侧以缩小体积。但他并没能真正建造出这种潜艇。

水面上的潜艇

40年后,科尼利斯·德雷贝尔在英王詹姆斯一世的支持下,很快就制造出了世界上第一艘人力潜艇。在1620年到1624年间,德雷贝尔进行了多次航行试验,证实了水下航行的可能性。

1775年,美国人戴维·布什内尔设计建成一艘单人驾驶的,以手摇螺旋桨为驱动力的木壳潜艇"海龟"号。它的沉浮通过排注海水来控制。在艇底还装有一圈重锤,危急时,可抛掉重锤迅速上浮。

1897年,美国籍的爱尔兰人约翰·霍兰在新泽西州造成一艘以汽油机为水面航行驱动力、以蓄电池电动马达为水下航行驱动力的双推进动力系统潜艇。

约翰·霍兰

霍兰潜艇是现代潜艇的鼻祖,45马力的汽油机能使潜艇以7节航速在水面航行1 000海里,电动马达则能使潜艇以5节航速潜驶50海里。潜艇上装有1座鱼雷发射管,携3枚鱼雷,首尾各置1门机关炮。霍兰因而得到了"现代潜艇之父"的称号。霍兰还主持研制出世界上第一艘双层艇壳的潜艇,而且完成了从美国诺夫克至纽约的航行,开创了潜艇进行公海远航的首次记录。

1939年,美国海军实验室的技术顾问罗斯·冈恩最早提出采用核能充当潜艇推进动力的大胆设想。他向美国海军当局呈递了第一份关于研制核能动力潜艇的报告,详细论证了这种新潜艇的巨大优势。但这时海军当局得到了德国正在研制原子弹的消息,冈恩博士的报告并没有引起充分重视。直到二战结束,美国当局才意识到冈恩博士报告的重要性。1946年初,美国海军精心挑选出里科弗等5名优秀军官送往著名的橡树岭核物理研究中心学习核技术。后来,里科弗成为著名的潜艇专家。1954年1月21日,美国海军建造了世界上第一艘核动力潜艇"鹦鹉螺"号。新建成的"鹦鹉螺"号在1955年1月17日进行了核动力推进的首次试航,创造出历时84小时航程为1 300海里的当时世界潜航最高记录。

1960年,美国海军又建成"乔治·华盛顿"号战略导弹潜艇,使潜艇具备了核攻击能力;1982年10月,中国用潜艇在水下向预定海域发射运载火箭获得成功。这说明中国拥有自己独立开发研制的潜地弹道式战备导弹和战备导弹潜艇的能力;1996年,瑞典"哥特兰"号常规潜艇建成服役,它是世界上首艘AIP动力潜艇,标志常规潜艇又进入了一个新时代。

>> **更多介绍**

现代潜艇按艇体线型的形状可分为三种,即常规型、水滴型和混合型。

第一次世界大战期间采用的是常规型潜艇。它的侧面形状与水面舰相似,因为早期潜艇以水面航行为主,水下航行为辅。

水滴型潜艇的线型特点是艏部呈圆钝的纺锤形,其横剖面几乎呈圆截面,艇身从中部开始向后逐渐变细,尾部呈尖尾状。它的水下阻力小,利于提高水下航速,但它水面航行性能较差,艇首容易上浪,且易出现埋首现象。

混合型艇体潜艇也被称为过渡型艇体潜艇。常规潜艇需经常浮出水面或上浮到通气管状态给蓄电池充电,因此必须具有水面航行和水下航行这两种性能。于是,潜艇设计师就将常规艇型潜艇的艏部与水滴型潜艇的艉部结合起来,形成一种混合艇型。这种潜艇,其水面航行性能比水滴艇型潜艇要好,水下航行则比常规艇型潜艇好。

世界上第一艘核动力潜艇"鹦鹉螺"号

炸药

炸药就像一把双刃剑，既可用于和平，也可用于战争。大多数人都将炸药与死亡和战争造成的毁灭联系在一起，其实炸药也被人们广泛地用于焰火、矿山爆破等领域。在太平盛世，炸药提供了世界上最强大的、方便的能源。在世界炸药史上，许多科学家致力于炸药的发明创造，他们冒着生命的危险，发明出既安全、又易处理的炸药，向世人展示了他们的智慧。

1862年，诺贝尔帮助父亲研制高规格的硝化甘油。他反复进行试验，寻找引爆硝化甘油的方法。诺贝尔先将少量硝化甘油放入玻璃管中，塞紧管口，再将玻璃管放到装满火药的金属管中，将两个管口封死，其中一个管口内插有导火管。诺贝尔将导火管引燃后，迅速扔到水中。沉闷的爆炸声证明了诺贝尔得到了他正在寻找的火药。经过多次的试验，诺贝尔从中悟出了引爆硝化甘油的原理。诺贝尔决心找出控制硝化甘油爆炸的方法，希望能够制造出一种理想的引爆装置，并发掘出爆破动力。诺贝尔锲而不舍地做着各种试验。在一次试验中，诺贝尔的弟弟不幸遇难。幸免于难的诺贝尔在1863年完成了第一项具有划时代意义的发明——雷酸汞引爆装置。雷酸汞的爆炸力和敏感度都很大，可以单独与烈性炸药、氯酸钾、硫化锑等混合使用，在受到碰撞或摩擦时都会引起爆炸。1864年，诺贝尔取得了这项发明的专利。

诺贝尔的这一发明马上被应用于实践，在一条正在修建的铁路工程中，雷酸汞的使用不仅大大加快了工程进度，而且还节约了几百万美元。1865年，诺贝尔建

矿山爆破

关键人物

诺贝尔一生的发明极多，获得的专利有255种，其中仅炸药就达129种。作为发明家、科学家，他有着丰富的想象力和不屈不挠的毅力。他还曾经研究过合成橡胶、人造丝，做过改进唱片、电话、电灯零部件等方面的试验。尽管与炸药的研究相比，这些研究的成果不是很大，但是他那勇于探索的精神却非常值得我们去学习。

立了硝化甘油股份公司,这也是世界上第一家生产硝化甘油炸药的制造厂家。1867年,诺贝尔研制出了黄色炸药,并获得了发明权。黄色炸药的研制成功使得硝化甘油可以以更安全的方式生产,也更容易操作。1868年,诺贝尔发现将海底或湖底的硅藻土与硝化甘油按1∶3的比例混合,就形成了安全烈性炸药。新炸药的灵敏度大大低于高纯度的硝化甘油,但威力却比枪用火药高3倍,他将这种炸药命名为"达那炸药"。后来诺贝尔又发现,硅藻土是一种惰性物质,在和硝化甘油混合后,虽然降低了硝化甘油的灵敏度,但同时也使炸药的威力大大降低了。所以诺贝尔希望能够找到一种硅藻土的替代品。

达那炸药

1875年,诺贝尔偶然发现硝化甘油能够溶于火棉胶而成为胶体,这种胶物质能很好地保留爆炸力,但却没有硝化甘油所固有的那种不稳定性。更主要的是,它生产成本低。诺贝尔为它起名"爆炸胶"。1879~1888年,经过近9年的时间,诺贝尔冒着更大的危险,再次向世人显示了他的才华,他发明了无烟炸药。在炸药的历史上诺贝尔成了无人能及的佼佼者。

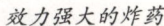

效力强大的炸药

>> 更多介绍

在诺贝尔制成安全炸药之前,已经有很多人为炸药的探索做出了巨大的贡献。炸药源于中国,大约在唐代,我国就已经发明了火药(黑色炸药),这是世界上最早的炸药。宋朝时,黑色炸药已经用于战争,但它必须用明火点燃,爆炸力也不大。

1831年,英国人比克福德发明了安全导火索,使炸药的应用条件得到了极大的改善,1846年,意大利化学家索布雷罗把半份甘油滴入一份浓硝酸和两份浓硫酸混合液中,首次合成硝化甘油。硝化甘油是一种烈性液体炸药,轻微震动即会产生剧烈爆炸,虽然爆炸力强,但是使用时极不安全、危险性大,不宜生产。1859年之后,诺贝尔父子三人共同对硝化甘油的安全生产方法进行了研究,1862年,他们用 温热法降服了硝化甘油,最终使它能够较为安全地成批生产。

鱼雷

鱼雷是一种雪茄形的、可在水中自航、自控和自导，并能在水中自动爆炸而击毁目标的武器，现代鱼雷具有速度快、航程远、隐蔽性好、命中率高和破坏威力大等特点，因此，它被人们称之为"水中导弹"。

鱼雷的前身是一种诞生于19世纪初的"撑杆雷"。撑杆雷用一根长杆固定在小艇前部，海战时小艇冲向舰艇，用撑杆雷撞击爆炸敌舰。1864年，奥匈帝国海军卢庇尔斯舰长把发动机装在撑杆雷上，利用高压容器中的压缩空气推动发动机活塞，带动螺旋桨使雷体在水中前行攻击对方舰船。

1868年，英国工程师罗伯特·怀特海德，把用小船装着炸药、用电线导航的"撑杆雷"发展成了一种能在水中自行推进的炸弹。由于它的外形像鱼，又可像鱼一样在水中前进，人们就称其为"鱼雷"。

1899年，奥匈帝国海军制图员路德格·奥布里将陀螺仪安装在鱼雷上控制鱼雷定向指航，造出了世界上第一枚可控制方向的鱼雷，大大提高了鱼雷的命中精度。1904年，美国人E.W.布里斯发明了燃烧宝，以热力发动机代替压缩空气发动机制造了第一个热动力鱼雷（亦称蒸汽瓦斯鱼雷），至此，鱼雷被公认为一种现代化兵器。

第一次世界大战期间，鱼雷有了很大的发展。由德国人制造的蒸汽瓦斯鱼雷1分钟可行进900多米，航程远达8 000米，载炸药超过100千克，如果准确命中的话，一下子就可以击沉一艘大军舰。第二次世界大战期间，被鱼雷击沉的运输船总吨位达1 366万吨，鱼雷的威力在这个时候也让世人大开眼界。

在鱼雷发展史上，一个重要的标志就是航空鱼雷的问世。1914年的圣诞节，在英国的军舰"方舟"号上

行进中的鱼雷

关键人物

英国工程师罗伯特·怀特海德，对机械十分精通，1868年，他在亚德里亚海沿岸阜姆地区的一个工程公司里工作，在那里，他对奥匈帝国海军舰长卢庇尔斯的设计进行了改造，制成了最早的鱼雷。此后，鱼雷在航海和战争中得到了广泛的应用。

搭载的水上飞机,袭击了停泊在库克斯港内的德国舰艇。这是海战史上第一次由舰载航空兵从海上发起的进攻,虽然未能取得显著的战果,却显示了飞机对海战的影响。事后,制订这次作战计划的莱斯克兰奇少校说:"如果我们的飞机当时携带的是鱼雷而不是小型炸弹,那么德国军舰完全可能被击沉。"受这次战斗的鼓舞,英国人很快研制出专用的航空鱼雷。这种鱼雷不需要像舰载鱼雷那样通过鱼雷发射管的强大推力发射出去,而是借助飞机俯冲的加速度产生最初的动力。发射方式和投掷炸弹相似,飞行员一按控制钮,机翼下的鱼雷夹自动打开,鱼雷自然下落,入水后水平前进,直奔目标。

1915年8月12日,英国海军航空兵艾德蒙兹中校驾驶一架"肖特184"水上飞机,在马尔马拉海用航空鱼雷击沉了一艘5000吨的土耳其供应舰。这不仅是世界上首次成功的航空鱼雷攻击,而且也首创了舰载航空兵击沉舰船的记录。此后,各国不断完善鱼雷的制造技术,无航迹电动鱼雷、线导鱼雷、自导鱼雷等纷纷问世。时至今日,鱼雷的航速已提高到90～100千米/小时,航程达46千米。尽管由于反舰导弹的出现,使鱼雷的地位有所下降,但它仍是海军的重要武器。特别是在攻击型潜艇上,鱼雷依旧是不可缺少的攻击性武器。

根据怀特海德的名字(意译为"白色")而命名的"白头鱼雷"。

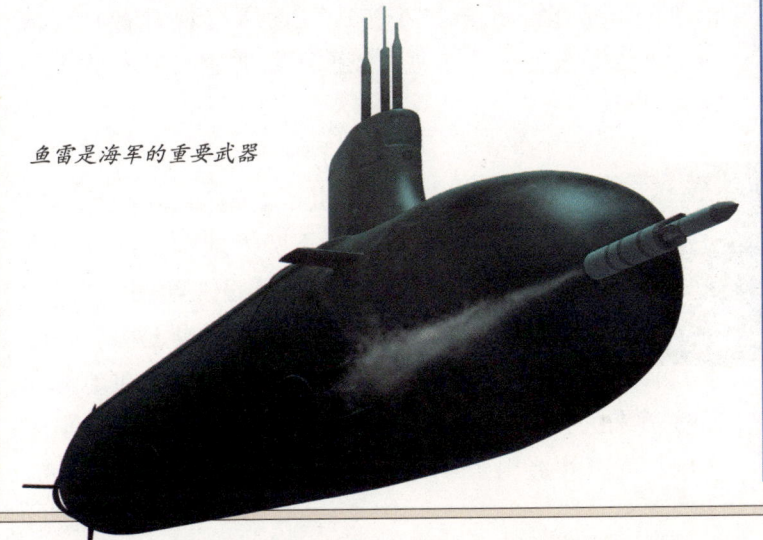

鱼雷是海军的重要武器

>> 更多介绍

我国明代后期出版的《武备志》《火龙经》等兵书中都有关于"火龙出水"的记载。

据《武备志》介绍,"火龙出水"是用1根1.6米长的毛竹作龙身;再用木头雕成龙头、龙尾,分别安装在龙身前后。龙腹内装有几支单发式火箭,将其引火绳总连在一起,从龙头下面的孔洞中引出来。又在龙身的前、后两部,分别倾斜安装上两支大火药箭,把引火绳也总连在一起。最后,把龙腹内引出的总引火绳连在前部两个火药筒的底部。

水战时,面对敌舰,点燃安装在龙身上的4支火箭,以推动火龙在水面上飞行1千米多;待燃烧完毕,就自动引燃龙腹内的火箭,这时,从龙口里飞出的火箭射向敌人,焚烧敌舰。

1981年,在加拿大举办的中国古代传统工艺展览会上展出了"火龙出水"模型。许多外国学者都惊叹中国古代军事科学家的聪明才智,认为这种以火箭为动力,飞翔于水面上的海战武器,可以说是现代鱼雷的雏型。

坦克

坦克，集攻防优势于一身，第一次世界大战期间，这种巨大的"钢铁怪物"突然出现在硝烟弥漫的战场上，冒着枪林弹雨，从容不迫地穿越沟壑、压垮铁网、口吐"火舌"，将敌方的工事践踏得支离破碎。坦克在战场上纵横驰骋，展现出它的无比的威力，被人们冠之以"陆战之王"的美誉。

1914年6月28日的萨拉热窝事件，成为第一次世界大战爆发的导火线。在这场无法避免的战争中，机枪和火炮的大量使用，使战场变得异常残酷。尸横遍野的惨状也使英国的军事家欧内斯特·斯温顿上校心中极为沉重。看来，要面对敌军的机枪、大炮，又要能突破铁丝网和战壕，必须发明出一种全新的战斗武器。

经过一番苦思冥想，斯温顿心中冒出了一个大胆的念头：将一种较先进的履带式拖拉机装上钢铁外壳，宽大的履带使它在松软泥泞的地上畅行无阻，履带上凹凸不平的花纹可增加与地面的摩擦力，不容易打滑，此外，履带就像个大轮子，车体有多长，轮子就有多大。只要壕沟的宽度小于履带着地长的一半时，就可以轻松地涉水过河。在当时英国海军大臣邱吉尔的支持下，斯温顿上校和克劳姆普顿上校开始了新战车的研制。

达·芬奇设计的龟形"坦克"

1915年8月，世界上第一辆坦克"小游民"终于在英国诞生了。它是由一台拖拉机配上加长的履带和钢板改制而成的。虽然"小游民"使所有观看者心头振奋，但若要它上战场参战，似乎还需要进行一些改进和完善。

1916年1月30日，第二辆坦克"大游民"问世了。这架28吨重的庞然大物可以毫不费力地爬出深深的弹坑，面对纵横交错的铁丝网，"大游民"就像人们用手掌在桌上搓着一团棉花般轻松地将它们死死压在地上。

世界上第一辆坦克"小游民"

在接下来的打靶项目中，"大游民"也表现出色。半年之内，英国共造出了49辆这样的战车，为了蒙蔽间谍，英国人将这些像运水车的大型车辆，戏称为"TANK"——水柜或大容器的意思。没想到，"坦克"这两字从此便被一直沿用。

人类制造的第一辆坦克

坦克刚一问世，便被投入到索姆河战役中。首次出现在战场上的是"陆地巡洋舰"MK1型坦克，这个突如其来的钢铁怪物仅用两个半小时，就占领了大片德军阵地。在之后的战役中，德军只要一听见远处的坦克轰鸣声，便会不顾一切地夺路而逃。

第二次世界大战时，英国的"马蒂尔达""巡洋""十字军"；法国的"雷诺"R—35轻型、"索马"S—35中型；前苏联的T—26轻型、T—28中型；德国的RzkpfwⅢ等坦克先后问世。这些坦克比早期的坦克先进了许多，最大时速可达20～43千米，最大装甲厚度25～90毫米，火炮口径多为37～47毫米。看来，坦克的确无愧于"陆战之王"的美称。

今天，坦克在人们不断地创新与改进下，已经拥有了一个庞大的家族，其成员有重型坦克、中型坦克、轻型坦克、侦察坦克、架桥坦克、扫雷坦克、水陆两栖坦克、隐形坦克……这些形形色色的坦克机械化部队的重要技术装备，如今已成为衡量一个国家陆军发展水平的重要标志。

>> **更多介绍**

世界上第一辆比较像坦克的战车，出自于意大利文艺复兴时期著名的画家达·芬奇之手。1482年，达·芬奇以军事专家和武器制造者的身份向米兰大公发去了一封自荐信，在信中他这样写道："我有捣毁每个要塞和其他坚硬建筑的办法……"随后，达·芬奇便将他的聪明才智一股脑儿地用在了武器设计中。他先在古罗马的一种塔式战车的基础上改良出了龟形"坦克"。这辆"坦克"的台阶上装配有大炮，内有8个人用曲柄和齿轮来推动它。车上横着根"T"形木棒，木棒两端用结实的皮带系住两根粗木棒。车一动，"T"形木棒便带动粗木棒运动，而敌人则会被飞旋的木棒击倒。不久，达·芬奇又兴致勃勃地说："我将要制造一种密封式的安全车辆。它用机械作为动力，车上装着大炮，能轻而易举地冲进敌人的阵地，而且用炮将所有的敌人消灭，使后面的步兵可以毫无困难和危险地跟随前进。"以机械为动力，车上装着大炮，这一切与现代坦克有着极为相似之处。

现在军队中的坦克

雷达

什么样的波既有光波的速度，又能穿云破雾，并能被目标反射回来呢？人们发现无线电波是最为理想的物质。因此，有人研制出一种能发射和接收无线电波来完成搜索和探测任务的设备，这就是雷达。虽然现代雷达不仅可以对三维空间内的目标进行测距和定位，更可指导导弹对目标进行攻击，但其基本原理并没有变。

1922年的秋天，美国海军军官泰勒和杨格在一条河边做无线电通讯试验，杨格在河的一边发送密码，泰勒则在对岸的一辆汽车里，头戴耳机全神贯注地收听着节奏均匀的发报声，突然，耳机里的声音变得越来越小，最后耳机里竟一点声音也听不到了。泰勒伸出头向对岸张望，只见一艘轮船正行驶在河上，船身挡住了视线。当船驶过之后，他的耳机里又一次传来了清晰的发报声。难道是船把电报信号挡住了？泰勒立即通过发报机向杨格通报了自己的想法。于是，两人决定把这个现象弄个明白。经过多次试验，他们发现每当有船经过时，无线电信号就会被船身反射回来。作为海军军官，泰勒和杨格马上想到这个现象可以用于海战。于是，雷达的概念诞生了。

沃特森·瓦特是英国著名物理学家，也是第一位实用雷达系统的设计者。

1934年，英国人沃特森·瓦特受命担任英国皇家无线电研究所所长，负责对地球大气层进行无线电科学考察。一天，他像往常一样坐在荧光屏前观察接收回来的电磁波图像，突然，他的目光被荧光屏上的一连串亮点吸引住了。原来这些亮点是被附近一座高楼反射回来的无线电信号。这一发现使他很兴奋，能否利用这一点来发现正在空中飞行的飞机呢？要知道，在当时的技术条件下，除了看见飞机和听见飞机的声音之外，还没有一种能提前发现飞机的方法。那时，大战的阴云已密布欧洲，英国正加紧发展防空力量，英国空军还专门找了一批听觉灵敏的盲人来用耳朵搜寻敌机。当瓦特将自己的发现和想法写成报告后，空军部如获至宝，立即下令拨款试验，一个月后，雷达就装配好了。

2月26日，瓦特将雷达装在载重汽车上进行了试验。当试验飞机从15千米外的机场起飞，向载重汽车方向飞来时，雷达上的无线电波同时发射出去。当飞机飞到12千米处时，无线电接收装置果然收到了信号。

世界上第一台雷达试制成功了。后来，瓦特把自己无意中发现的荧光屏显示障碍物的现象用在雷达上，用荧光屏代替了原先的接收装置。这样，监控人员可以直接从荧光屏上发现目标，比用耳机监控更为有效。到1938年秋季，慕尼黑会议召开之际，雷达站已投入运转。

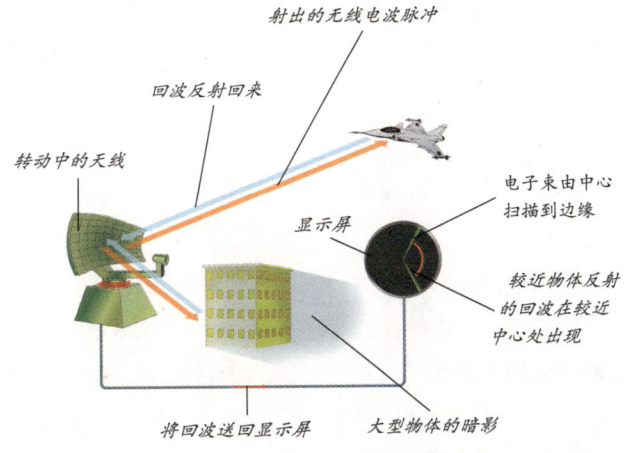

雷达的工作原理图

20世纪五六十年代，航空与空间技术迅速发展，超音速飞机、导弹、人造地球卫星以及宇宙飞船等，都以雷达作为探测和控制的主要手段。特别是60年代中期研制的反洲际弹道导弹系统，使雷达在探测距离、跟踪精度、分辨能力以及目标容量等方面获得了进一步的提高。70年代以来，雷达采用了数字计算机、脉冲多普勒和光电（电视、红外、激光）等先进技术成果，使新一代雷达能自动探测目标并录取传递其数据，自动检查与指示雷达部件的故障，自动改变雷达技术参数，更适应目标特性和干扰环境。目前，雷达的工作频段的电磁频谱在不断扩展，其小型化、自动化、多功能程度也在不断提高。

科研人员在电脑荧光屏前观察雷达信号系统反馈回来的信息

>> 更多介绍

雷达最早用于探测空中的飞机。随着雷达技术不断发展，现在已应用在汽车上。

汽车防撞雷达通常装在汽车的前保险杠或散热片下，也有的装在汽车的界面上。用雷达探测汽车前方和后方的物体，并判断其移动或静止。若是移动的车辆，雷达天线能自动跟踪它，并把神经质速度、相对位置信息传给电脑。电脑经过计算，产生信号，自动调整汽车行驶速度，保持两车间安全的距离。当汽车与其他物体相对位置太近时，雷达系统能发出警告信号，甚至自动停车，以此确保行车的安全。

原子弹

科学家投入了大量的精力研究原子能，原本是为了寻求一种新型能源，由于第二次世界大战期间的军备竞赛这个不和谐音符的出现，原子弹才被发明出来。二战中，原子弹首次在战争中亮相，就让日本出现死伤30多万人的大悲剧。如今，原子弹使整个社会面临着被核战争毁灭的威胁，这些已经成为全人类都在关心的一个问题。但是，原子能被人们所认识，却是从原子弹这种武器开始的。在这个广为人知的发明背后，一大批默默无闻的科学天才在不辞辛苦地工作着。

1934年，美国物理学家费米在用中子轰击铀原子的试验中，得到后来被他命名为超铀的元素，并首创了β衰变定量理论，为原子能的研究奠定了基础。费米也因此在1938年12月获得了诺贝尔物理学奖。

1939年，德国的两位科学家哈恩和斯特拉斯曼用化学方法检验了费米的试验，他们发现：用中子轰击铀原子，只能得到地球上已存在的钡。钡的重量略高于铀的一半，这是无法用原子核的衰变来解释的。因此，两位科学家便提出了裂变理论。

裂变理论诞生时，费米正在外出途中。当他从杂志上看到这一惊人消息后，马上返回到哥伦比亚大学物理实验室。他用精密的试验验证了裂变理论的正确性，进而建立了整套"链式反应"的基本概念和基础理论。

费米用自己的辛勤工作换来了人类科学史上又一个划时代的进步。铀核反应的试验成功及其基础理论的产生，为后来原子弹的试制成功提供了可靠的理论依据。1942年，费米领导了世界上第一座原子核反应堆的建设和试验工作，成为原子能事业的先驱之一！

原子能事业的另外一位先驱当数匈牙利物理学家西拉德。早在1933年，他就曾预见，链式反应一旦实现，其释放的巨大能量很可能用来制造杀人武器。第二次世界大战爆发后，西拉德意识到要是让希特勒这样的战争狂人拥有了原子弹，那么，人类的未来将不可想象！

1939年8月，西拉德和其他两位物理学家在爱因斯坦的帮助下，委托罗斯福总统的朋友和顾问萨克斯请求美国政府支持研制原子弹的

"小男孩"原子弹

工作。12月6日，美国政府大量拨款研制原子弹。并成立了一个军政委员会，实施制造原子武器的计划，该计划被命名为"曼哈顿工程"。

1943年4月15日，原子弹的综合实验室正式投入运行。奥本海默及费米、劳伦斯等人开始通过不同的实验方式尝试获取铀-235，同时，让工程师开始着手设计原子弹。

1945年3月，有关原子弹的所有重要物理研究都已接近完成，奥本海默宣布实施"三一计划"。7月4日，进行原子弹爆炸试验，8月1日完成装配第一颗原子弹。

然而，在这紧要关头，许多事情并未尽如人意，炸药雷管性能达不到可靠性的指标，裂变材料的供应跟不上进度，加之整个7月份风雨交加，根本无法试验。杜鲁门为了在7月15日的美、英、苏最高首脑会议上以手中的原子弹作为砝码调节战后的大国格局，要求原子弹无论如何在7月14日前试验成功。奥本海默凭着对国家的忠诚和对事业的执著，在极度焦虑和兴奋中度过了整个春季。7月16日早上5点半，一颗安放在铁塔上的试验原子弹终于抢在暴风雨来临前爆炸了。这颗原子弹的威力，要比科学家们原先的估计大出了近20倍。

从此原子弹正式登上了历史舞台。时至今日，它给全世界所带来的核战争威胁都是巨大的。

1945年，世界上首枚原子弹在美国的新墨西哥州爆炸成功。同年8月6日和9日，美国空军在日本的广岛和长崎分别投下一颗原子弹，第二次世界大战结束。

1945年7月16日，第一颗原子弹爆炸升起的蘑菇云。

>> 更多介绍

原子核在发生核裂变时，释放出的原子能是十分剧烈的，而且并非一般人所能承受。当第一颗原子弹在美国爆炸成功时，曼哈顿工程负责人之一、著名科学家奥本海默在核爆观测站里感到十分震惊，他突然意识到原子弹并不仅是科学之神的象征，同时也是死神的象征。为了弥补这一切，奥本海默开始向政府和科学界推行他的核控制思想。1946年，由奥本海默策划并参与起草的《艾奇逊—利连撒尔报告》，提出了原子能的和平利用及国际控制问题，1950年初，他强烈反对美国发展氢弹计划，奥本海默的这些举动引起了政府的不满。1953年，他被指控同情共产主义而被解除了相关职务。事隔10年之后，约翰逊总统迫于国内外压力，才以授予费米奖的方式为其昭雪。

图书在版编目（CIP）数据

世界科学历史上的伟大发明／田战省编．—西安：陕西科学技术出版社，2012.12
（科普新阅读）
ISBN 978-7-5369-1773-6

Ⅰ.世… Ⅱ.田… Ⅲ.创造发明—世界—普及读物 Ⅳ.N19-49

中国版本图书馆 CIP 数据核字（2006）第 161041 号

科普新阅读
世界科学历史上的伟大发明

总 策 划	田战省
责任编辑	李　栋
装帧设计	阎谦君
文字编写	康　可
图片编排	袁晓梅

出 版 者	陕西科学技术出版社
	西安北大街 147 号　　邮编 710003　　电话（029）87211894
	传真（029）87218236　　http://www.snstp.com
经　销	各地新华书店
印　刷	陕西金和印务有限公司
开　本	787 mm × 1 092 mm　　1/16
印　张	12.5
字　数	258 千字
版　次	2012 年 12 月第 2 版
印　次	2012 年 12 月第 1 次印刷
定　价	29.80 元

版权所有　翻印必究